"十三五"国家重点图书出版规划项目

交通运输科技丛书·水运基础设施建设与养护

# 弯曲-分汊联动河段治理理论与技术

张华庆　张明进　杨燕华　由星莹　著

U0340710

人民交通出版社股份有限公司

**China Communications Press  Co.,Ltd.**

# 内 容 提 要

本书针对长江中下游弯曲-分汊组合河段联动性强、治理技术复杂等特点,将弯曲-分汊河段作为联动河段进行整体治理,并提出了相关治理理论与技术。全书共6章,内容包括:绪论,非线性河流动力学演变模型,弯曲、分汊河段联动特征分析,弯曲-分汊联动河段治理技术,航道治理模拟技术研究,航道整治理论及关键技术应用案例。

本书可供内河航道整治领域研究人员使用,也可供相关院校师生参考。

## 图书在版编目(CIP)数据

弯曲-分汊联动河段治理理论与技术 / 张华庆等
著. — 北京:人民交通出版社股份有限公司,2019.6
　ISBN 978-7-114-15466-9

　Ⅰ.①弯… Ⅱ.①张… Ⅲ.①长江中下游—河道整治
—研究 Ⅳ.①TV882.2

　中国版本图书馆 CIP 数据核字(2019)第 068347 号

"十三五"国家重点图书出版规划项目
交通运输科技丛书·水运基础设施建设与养护

| | |
|---|---|
| 书　　　名: | 弯曲-分汊联动河段治理理论与技术 |
| 著 作 者: | 张华庆　张明进　杨燕华　由星莹 |
| 责任编辑: | 潘艳霞　牛家鸣 |
| 责任校对: | 赵媛媛 |
| 责任印制: | 张　凯 |
| 出版发行: | 人民交通出版社股份有限公司 |
| 地　　　址: | (100011)北京市朝阳区安定门外外馆斜街3号 |
| 网　　　址: | http://www.ccpress.com.cn |
| 销售电话: | (010)59757973 |
| 总 经 销: | 人民交通出版社股份有限公司发行部 |
| 经　　　销: | 各地新华书店 |
| 印　　　刷: | 北京市密东印刷有限公司 |
| 开　　　本: | 787×1092　1/16 |
| 印　　　张: | 10.75 |
| 字　　　数: | 250 千 |
| 版　　　次: | 2019 年 6 月　第 1 版 |
| 印　　　次: | 2019 年 6 月　第 1 次印刷 |
| 书　　　号: | ISBN 978-7-114-15466-9 |
| 定　　　价: | 60.00 元 |

(有印刷、装订质量问题的图书,由本公司负责调换)

# 交通运输科技丛书编审委员会

（委员排名不分先后）

顾　　问：陈　健　周　伟　成　平　姜明宝

主　　任：庞　松

副主任：洪晓枫　袁　鹏

委　　员：石宝林　张劲泉　赵之忠　关昌余　张华庆

郑健龙　沙爱民　唐伯明　孙玉清　费维军

王　炜　孙立军　蒋树屏　韩　敏　张喜刚

吴　澎　刘怀汉　汪双杰　廖朝华　金　凌

李爱民　曹　迪　田俊峰　苏权科　严云福

# 总　序

　　科技是国家强盛之基,创新是民族进步之魂。中华民族正处在全面建成小康社会的决胜阶段,比以往任何时候都更加需要强大的科技创新力量。党的十八大以来,以习近平同志为总书记的党中央作出了实施创新驱动发展战略的重大部署。党的十八届五中全会提出必须牢固树立并切实贯彻创新、协调、绿色、开放、共享的发展理念,进一步发挥科技创新在全面创新中的引领作用。在最近召开的全国科技创新大会上,习近平总书记指出要在我国发展新的历史起点上,把科技创新摆在更加重要的位置,吹响了建设世界科技强国的号角。大会强调,实现"两个一百年"奋斗目标,实现中华民族伟大复兴的中国梦,必须坚持走中国特色自主创新道路,面向世界科技前沿、面向经济主战场、面向国家重大需求。这是党中央综合分析国内外大势、立足我国发展全局提出的重大战略目标和战略部署,为加快推进我国科技创新指明了战略方向。

　　科技创新为我国交通运输事业发展提供了不竭的动力。交通运输部党组坚决贯彻落实中央战略部署,将科技创新摆在交通运输现代化建设全局的突出位置,坚持面向需求、面向世界、面向未来,把智慧交通建设作为主战场,深入实施创新驱动发展战略,以科技创新引领交通运输的全面创新。通过全行业广大科研工作者长期不懈的努力,交通运输科技创新取得了重大进展与突出成效,在黄金水道能力提升、跨海集群工程建设、沥青路面新材料、智能化水面溢油处置、饱和潜水成套技术等方面取得了一系列具有国际领先水平的重大成果,培养了一批高素质的科技创新人才,支撑了行业持续快速发展。同时,通过科技示范工程、科技成果推广计划、专项行动计划、科技成果推广目录等,推广应用了千余项科研成果,有力促进了科研向现实生产力转化。组织出版"交通运输建设科技丛书",是推进科技成果公开、加强科技成果推广应用的一项重要举措。"十二五"期间,该丛书共出版72册,全部列入"十二五"国家重点图书出版规划项目,其中12册获得国家出版基金支持,6册获中华优秀出版物奖图书提名奖,行业影响力和社会知名度不断扩大,逐渐成为交通运输高端学术交流和科技成果公开的重要平台。

　　"十三五"时期,交通运输改革发展任务更加艰巨繁重,政策制定、基础设施建设、运输管理等领域更加迫切需要科技创新提供有力支撑。为适应形势变化的需要，在以往工作的基础上，我们将组织出版"交通运输科技丛书"，其覆盖内容由建设技术扩展到交通运输科学技术各领域，汇集交通运输行业高水平的学术专著，及时集中展示交通运输重大科技成果，将对提升交通运输决策管理水平、促进高层次学术交流、技术传播和专业人才培养发挥积极作用。

当前，全党全国各族人民正在为全面建成小康社会、实现中华民族伟大复兴的中国梦而团结奋斗。交通运输肩负着经济社会发展先行官的政治使命和重大任务，并力争在第二个百年目标实现之前建成世界交通强国，我们迫切需要以科技创新推动转型升级。创新的事业呼唤创新的人才。希望广大科技工作者牢牢抓住科技创新的重要历史机遇，紧密结合交通运输发展的中心任务，锐意进取、锐意创新，以科技创新的丰硕成果为建设综合交通、智慧交通、绿色交通、平安交通贡献新的更大的力量！

2016 年 6 月 24 日

# 前 言

长江是全国内河航道规划"两横一纵两网"主骨架中的一横,也是全国综合运输体系"五纵五横"大通道的重要组成部分。长江作为沟通我国东、中、西部地区的运输大动脉,在流域经济社会发展中具有极其重要的地位,素有"黄金水道"之称。2015年长江干线货运量达到21.8亿t,比"十一五"末增长45%,连续9年位于内河运输量世界第一,是莱茵河货运量的5倍以上。其形成的长江经济带覆盖11省市,面积约205万km²,人口和生产总值均超过全国的40%,横跨我国东中西三大区域,具有独特优势和巨大发展潜力。加快长江高等级航道的建养与监测,对于进一步促进区域经济协调发展,支撑长江经济带发展具有十分重要的作用。

近十几年长江中下游实施了大量航道整治工程,包括正在实施的荆江航道整治工程和长江南京以下12.5m深水航道整治工程,对工程方案主要的研究方法仍然是基于历史资料的河床演变分析和物理模型、数学模型对工程效果的预测。这对于滩槽变形不显著、来沙过程饱和时比较有效,但对于三峡水库蓄水后长江水沙过程已发生了较大变化,河床调整也很显著,比照的历史条件已不会再现的新情况,航道整治的条件、时机的确定需要深刻的河道演变机理的支撑,对于即将实施的大幅提高航道水深的"645工程(长江水道航道整治工程)"更是如此。

长江中下游河段由于矶头、节点等控制,形成了弯曲-分汊河段相互交替和过渡的连接段的特殊河型,连接的弯曲段具有削弱上、下游河势传递的作用,但三峡水库蓄水之后,弯曲河段的凸岸边滩出现了较为明显的冲刷,这一现象与蓄水前"凸岸边滩淤积,凹岸边滩冲刷"的规律不相一致。这一变化的出现,使得弯曲河段自身的稳定性趋差,同时对上、下游河势传递的阻隔效应也逐渐减弱,不能为下游连接的分汊河段提供稳定的入流条件,引起下游汊道交替现象的发生,航道条件变得不稳定,成为航道整治中的技术难题。

本书针对长江中下游弯曲-分汊组合河段联动性强、治理技术复杂等特点,提出将弯曲-分汊河段作为联动河段进行整体治理的思路,提出了弯曲-分汊联动河段治理理论与技术,主要内容包括:

(1)利用流动稳定性理论和摄动法,研究河流动力演变过程及机理,从理论角度构建了河流动力学演变过程非线性模型,对天然河流几何形态自相似规律的形成原因进行了探索,为长江中下游河段航道整治中目标河型和理想航路选择提供理论依据。

(2)分析了弯曲河段阻隔性强弱的维持机制,研究了弯曲河段联动性强弱与节点(矶头)、弯曲率、河相系数、河势控制等作用关系,为长江中下游弯曲-分汊组合型河段是否需要联动治理提供了判据。

(3)考虑两岸地质组成、护岸工程、天然山体或人工矶头的影响,提炼出河道(包括河床和河岸)边界稳定系数的量化表达式。在河道边界稳定系数基础上,考虑上游来流流量过程、持续时间及频率影响,提出河势稳定参数的数学表达,为分汊河段通航主汊道的选取提供支撑。

(4)河势调整对世界范围内的河流均产生深远影响。采取何种措施减弱或恢复河势调整带来的不利影响、维持河势稳定,一直是困扰内河航道治理的难题。在非线性动力学理论、新水沙条件下滩槽演变及河道稳定性等研究的基础上,提出了将上游弯曲-下游分汊型河段作为组合河段,进行联动治理的思路及原则。

(5)梳理了长江中下游常用的航道整治工程类型,可分为守护型和调整型两类。从理论角度对两类工程改善航道条件的机理进行了探索。运用河流动力学原理,考虑深槽部分水位降落与河床调整之间的关系,计算得到航道对可动洲滩守护前后航深的变化值,揭示了守护型工程使航道尺度增大的内在机理,并建立了守护工程实施后所能达到的最大航深数学表达公式。以丁坝作为调整型工程代表,通过水槽试验研究了丁坝对流场的调整作用。利用三维非静压模型,模拟了丁坝局部水流特性和坝体压力分布,分析了丁坝水毁特征。在航道工程改善航道条件机理研究的基础上,提出了各类典型整治工程的设计技术。并研究了长江中下游航道整治工程中绿色环保材料的选型问题,提出了不同护岸位置宜采用的生态材料。

（6）介绍了适应模拟内河航道整治的二维水沙数学模型通用化软件（命名为TK-2DC），完全具有自主知识产权，是交通运输部天津水运工程科学研究所推出的自主品牌行业软件。开发了三维非静压水流数学模型，该模块能较好地模拟内河整治建筑物作用下的水流运动，模型本身具有一定的通用性与先进性。

（7）上述航道治理理论与技术在长江中下游瓦口子水道、马家咀水道、周公堤水道、石首水道、碾子湾水道、莱家铺水道、窑监河段、罗湖洲水道、戴家洲河段、牯牛沙水道等十多个河段的航道整治工程中得以应用，本文选取典型河段作为示例，介绍了研究成果在典型河段的应用情况。

本书在编写过程中得到了长江航道局、天津大学、武汉大学、长江航道规划设计研究院、湖北省水利水电规划勘测设计院等单位领导和专家的大力支持，在此深表谢意！

限于作者的学识水平，本书在编写过程中可能存在不足、遗漏甚至错误之处，敬请广大读者批评指正。

作者

**2018 年 12 月**

# 目　录

# 第1章 绪 论

## 1.1 长江中下游航道建设现状

长江沿线七省二市工农业基础雄厚,集聚了我国35%以上的经济总量,在全国经济发展中占有十分重要的地位。长江水系承担了沿江85%的煤炭和铁矿石、83%的石油、87%的外贸货物运输量,长江干线货运量2014年增至20.6亿t,是世界上运量最大、运输最繁忙的通航河流,对促进流域经济协调发展发挥了巨大作用。长江干线航运以其大运量、低能耗、少占地的特点,成了沟通长江流域东、中、西部地区交通运输的主动脉,中下游干线航道素有"黄金水道"的美誉。近年来,长江水运在流域综合交通运输体系中的作用和地位不断得到加强和提高。长江黄金水道建设受到国家高度重视,2012年12月,李克强总理在江西、湖北调研后指出,要提升长江黄金水道通航能力,开展长江干流河道模型试验研究论证。2013年7月21日,习近平总书记在武汉新港考察时指出,长江流域要加强合作,发挥内河航运作用,把全流域打造成黄金水道。2014年9月,国务院发布了《关于依托黄金水道推动长江经济带发展的指导意见》,要求加快推进长江干线航道系统整治,打造畅通、高效、平安、绿色的黄金水道。依托黄金水道推动长江经济带发展,打造中国经济新支撑带。

经过多年系统治理,长江航道建设成就显著,航道维护水深得到全面提高,上游航运条件已经发生根本性改善、中游航道枯水通航紧张局面明显缓解、下游河段深水航道通过能力大幅提高,为流域经济社会发展做出了巨大贡献。随着流域经济社会发展,对长江水运提出了更高的要求,加快长江等内河水运发展上升为国家经济社会发展战略。目前长江干流通航的"瓶颈"主要集中在中下游浅滩河段,随着长江沿江经济快速发展,中下游航道维护尺度与航道通过能力需求不断增长的矛盾日益凸显。然而,作为举世闻名的大型冲积性河流,长江中下游河床演变异常复杂,航运、防洪、生态与水资源利用等多方面需求交织在一起,航道整治面临众多理论和技术上的难题。

### 1.1.1 航道建设现状

20世纪50年代初期,长江中下游的航道条件极差,宜昌—汉口、汉口—浏河口水深仅为1.8m和3.0m,整个长江干线仅有1078个航标,且夜间发光率不足15%,完全无法保证全程夜航,干线的货运量仅为191万t。至20世纪90年代中期,长江中下游航道仍处于自然状态,1600余公里河段内分布有主要碍航浅滩38处,极大影响了货运量的增长,1985年干线货运量仅为0.3亿t左右,严重阻碍了沿江两岸经济持续快速发展。自1994年在界牌河段实施了第一个航道整治工程以来,长江中下游相继开展了多个航道整治工程,尤其是2003年三峡水库蓄水后,整治工程更是犹如雨后春笋,著名的浅水道,如长江中游沙市、马家咀、窑监大河段,长江下游黑沙洲、江心洲至乌江河段等实施了整治工程。据统计至2014年底,长江中下游在建已建航道整治工程达40多处,具体见表1-1。

长江中下游在建和已建航道整治工程统计 表1-1

| 河　段 | 序号 | 项目名称 | 建设年限 | 建设标准(m) |
|---|---|---|---|---|
| 宜昌至城陵矶 | 1 | 长江中游宜昌至昌门溪航道整治一期工程 | 2014～2017 | 3.5×150×1000 |
| | 2 | 长江中游枝江—江口河段航道整治一期工程 | 2009～2013 | 2.90×150×1000 |
| | 3 | 长江中游沙市河段三八滩应急守护工程 | 2004～2005 | 2.9×80×750 |
| | 4 | 长江中游沙市河段航道整治一期工程 | 2009～2012 | 2.9×80×750 |
| | 5 | 长江中游沙市腊林洲守护工程 | 2010～2013 | 3.2×150×1000 |
| | 6 | 长江中游瓦口子水道航道整治控导工程 | 2008～2011 | 3.2×150×1000 |
| | 7 | 长江中游马家咀水道航道整治一期工程 | 2006～2010 | 2.9×80×750 |
| | 8 | 长江中游瓦口子—马家咀河段航道整治工程 | 2010～2013 | 3.5×150×1000 |
| | 9 | 长江中游周天河段清淤应急工程 | 2001～2006 | — |
| | 10 | 长江中游周天河段航道整治控导工程 | 2006～2011 | 2.9×150×1000 |
| | 11 | 长江中游藕池口水道航道整治一期工程 | 2010～2013 | 2.9×80×750 |
| | 12 | 长江中游碾子湾水道清淤应急工程 | 2001～2006 | — |
| | 13 | 长江中游碾子湾水道航道整治工程 | 2002～2008 | 3.5×150×1000 |
| | 14 | 长江中游窑监河段航道整治一期工程 | 2009～2012 | 2.9×80×750 |
| | 15 | 长江中游窑监河段乌龟洲守护工程 | 2010～2013 | 2.9×80×750 |
| 城陵矶至武汉 | 16 | 长江中游杨林岩水道航道整治工程 | 2013～2016 | 3.7×150×1000 |
| | 17 | 长江中游界牌河段综合整治工程 | 1994～2000 | 3.7×80×1000 |
| | 18 | 刹那干将中游界牌河段航道整治工程 | 2011～2013 | 3.7×150×1000 |
| | 19 | 长江中游陆溪口水道航道整治工程 | 2004～2011 | 3.7×150×1000 |
| | 20 | 长江中游嘉鱼—燕子窝河段航道整治工程 | 2006～2010 | 3.7×150×1000 |
| | 21 | 长江中游武桥水道航道整治工程 | 2011～2013 | 3.7×150×1000 |
| 武汉至安庆 | 22 | 长江中游天兴洲河段航道整治工程 | 2013～2016 | 4.5×200×1000 |
| | 23 | 长江中游罗湖洲水道航道整治工程 | 2005～2008 | 4.5×200×1000 |
| | 24 | 长江中游湖广—罗湖洲河段航道整治工程 | 2013～2016 | 4.5×100×1000 |
| | 25 | 长江中游戴家洲河段航道整治一期工程 | 2009～2012 | 4.5×200×1000 |
| | 26 | 长江中游戴家洲河段航道整治二期工程 | 2012～2015 | 4.5×200×1000 |
| | 27 | 长江中游戴家洲河段右缘下段守护工程 | 2010～2013 | 4.5×100×1000 |
| | 28 | 长江中游牯牛沙水道航道整治一期工程 | 2009～2012 | 4.5×150×1000 |
| | 29 | 长江中游牯牛沙水道航道整治二期工程 | 2013～2016 | 4.5×150×1000 |
| | 30 | 长江中游武穴水道航道整治工程 | 2007～2012 | 4.5×150×1000 |
| | 31 | 长江中游新洲—九江水道航道整治工程 | 2012～2015 | 4.5×200×1000 |
| | 32 | 长江中游张家洲南港上浅区航道整治工程 | 2009～2013 | 4.5×200×1000 |

| 河 段 | 序号 | 项 目 名 称 | 建设年限 | 建设标准(m) |
|---|---|---|---|---|
| 武汉至安庆 | 33 | 长江中游张家洲航道整治工程 | 2002~2007 | 4.5×120×1000 |
| | 34 | 长江下游马当沉船打捞工程 | 2000~2005 | 4.5×200×1000 |
| | 35 | 长江下游马当河河段航道整治一期工程 | 2009~2013 | 4.5×200×1000 |
| | 36 | 长江下游马当南水道航道整治工程 | 2011~2013 | 4.5×200×1000 |
| | 37 | 长江下游东流水道航道整治工程 | 2004~2008 | 4.5×200×1000 |
| | 38 | 长江下游东流水道航道整治二期工程 | 2012~2015 | 4.5×200×1000 |
| 安庆以下至长江口 | 39 | 长江下游江心洲至乌江河段航道整治一期工程 | 2009~2012 | 6.0×200×1050 |
| | 40 | 长江下游土桥河段一期航道整治工程 | 2009~2011 | 6.0×200×1050 |
| | 41 | 长江下游安庆河段航道整治工程 | 2010~2012 | 6.0×200×1050 |
| | 42 | 长江下游太子矶拦江矶外炸礁工程 | 2009~2012 | 4.5×180×1050 |
| | 43 | 长江下游黑沙洲航道整治工程 | 2007~2009 | 6.0×200×1050 |
| | 44 | 长江下游白茆沙河段航道整治工程 | 2011~2013 | 10.5×200×1050 |
| | 45 | 长江下游福姜沙水道航道治理双涧沙守护工程 | 2010~2012 | 10.5×200×1050 |
| | 46 | 长江下游通州沙河段航道整治工程 | 2010~2012 | 10.5×200×1050 |
| | 47 | 长江口北槽深水航道一期整治工程 | 1998~2002 | 8.5×200×1050 |
| | 48 | 长江口深水航道二期航道整治工程 | 2004~2006 | 10.5×200×1050 |
| | 49 | 长江口深水航道三期航道整治工程 | 2007~2009 | 12.5×200×1050 |

## 1.1.2 航道维护尺度

由于长江中下游航道系统整治,加上三峡水库蓄水枯水期流量的补偿作用,长江干线航道尺度明显提高,具体见表1-2。可以看出,三峡水库蓄水后,长江中下游及河口区域的航道尺度明显提升。

长江干线分段维护尺度表[水深(m)×航宽(m)×弯曲半径(m)]          表1-2

| 河 段 | 2003年之前 | | 2010年 | | 2015年 | |
|---|---|---|---|---|---|---|
| | 航道尺度 | 保证率(%) | 航道尺度 | 保证率(%) | 航道尺度 | 保证率(%) |
| 水富—宜宾 | 1.8×40×300 | 98 | 1.8×40×300 | 98 | 2.7×40×300 | 98 |
| 宜宾—重庆(羊角滩) | * | 98 | 2.7×50×560 | 98 | 3.5×50×560 | 98 |
| 重庆(羊角滩)—涪陵(李家渡) | 2.9×40×300 | 98 | 3.5×100×800 | 98 | 4.0×100×800 | 98 |
| 涪陵—忠县 | 2.9×40×300 | 98 | 4.5×150×1000 | 98 | | 98 |
| 忠县—三峡大坝 | 2.9×40×300 | 98 | 4.5×140×1000 | 98 | | 98 |
| 三峡大坝—宜昌 | 2.9×40×300 | 98 | 4.5×180×1000 | 98 | | 98 |
| 宜昌(九码头)—宜昌(下临江坪) | 2.9×40×300 | 98 | 4.5×80×750 | 98 | 3.5×200×1050 | 98 |

| 河 段 | 2003 年之前 | | 2010 年 | | 2015 年 | |
|---|---|---|---|---|---|---|
| | 航道尺度 | 保证率（%） | 航道尺度 | 保证率（%） | 航道尺度 | 保证率（%） |
| 宜昌（下临江坪）—城陵矶 | 2.9×40×300 | 95 | 3.5×80×750 | 95 | 3.5×200×1050 | 98 |
| 城陵矶—武汉长江大桥 | 3.2×80×750 | 98 | 3.5×80×750 | 98 | 3.7×200×1050 | 98 |
| 武汉长江大桥—安庆（皖河口） | 4.0×100×1050 | 98 | 4.0×100×1050 | 98 | 4.5×200×1050 | 98 |
| 安庆（皖河口）—芜湖（高安圩） | 4.5×100×1050 | 98 | 5.0×200×1050 | 98 | 6.0×200×1050 | 98 |
| 芜湖（高安圩）—芜湖长江大桥 | 4.5×100×1050 | 98 | 5.0×500×1050 | 98 | 6.0×200×1050 | 98 |
| 芜湖长江大桥—南京（燕子矶） | 4.5×100×1050 | 98 | 7.5×500×1050 | 98 | 9.0×200×1050 | 98 |
| 南京（燕子矶）—江阴 | 10.5×200×1050 | 98 | 10.5×200×1050 | 98 | 10.5×200×1050 | 98 |
| 江阴—浏河口 | 10.5×100×1050 | 98 | 10.5×100×1050 | 98 | 12.5×200×1050 | 98 |
| 浏河口—长江口外 | 10.5×100×1050 | 98 | 10.5×100×1050 | 98 | 12.5×200×1050 | 98 |

　　随着沿江经济的逐渐发展,2013 年 12 月国家发展改革委员会牵头组织相关部、委和地方政府系统开展长江干线宜昌至安庆段航道水深进一步提高的可能性论证工作。并于 2014 年2 月印发了《长江宜昌至安庆段航道整治模型试验研究工作方案的通知》(发改办基础〔2014〕377 号)。根据国家发展改革委与主管部委及地方政府商议的分工方案,交通运输部积极组织了长江航务管理局、长江航道局开展"长江干线宜昌至安庆段航道水深提高模型试验论证"项目的实施工作。十三五末航道水深规划目标为:宜昌—武汉河段航道水深提升至 4.5m,武汉至安庆河段航道水深提升至 6.0m,在 2016 年 3 月召开的中国两会上,将武汉至安庆段航道整治纳入国家"十三五"规划纲要。

　　长江中下游河段由于矶头、节点等控制,形成了弯曲-分汊河段相互交替和过渡的连接段的特殊河型,约占长江中下游总航道里程的 45%,这类河段不但分布广泛,而且碍航程度最严重、治理难度大,如沙市河段、东流水道均属该类河段。弯曲-分汊组合河段中的弯曲段具有削弱上、下游河势传递的作用,但三峡水库蓄水之后,弯曲河段的凸岸边滩出现了较为明显的冲刷,这一现象与蓄水前"凸岸边滩淤积,凹岸边滩冲刷"的规律不相一致。这一变化的出现,使得弯曲河段对自身的稳定性趋差,同时对上、下游河势传递的阻隔效应也逐渐减弱,不能为下游连接的分汊河段提供稳定的入流条件,引起下游汊道交替现象的发生,航道条件变得不稳定。本文以长江中下游大量存在的弯曲、分汊河段为研究对象,解决冲积河流航道整治中的技术难题,提出适用于长江中下游弯曲-分汊联动河段河道特点的航道整治理论方法和技术,为长江黄金水道建设提供技术支撑。

# 1.2　长江中下游航道治理技术研究现状

## 1.2.1　长江中下游河段河床演变特征研究现状

1. 长江中下游弯曲河道演变特征

三峡水库蓄水后,改变了原有的水沙边界条件和过程,在新水沙条件作用下,长江中下游

弯曲河段整体演变具体表现为:

(1)河势控制工程及航道整治工程作用下,近期高滩岸线总体定性有所增强,河势格局总体趋于稳定。

宜昌至河口河段大多位于冲积平原,河床及河岸可动性强,自然来沙条件下高滩岸线崩退较常见,随之而来的是河道形势的逐渐调整。三峡水库蓄水初期,由于贴壁冲蚀和坡脚淘刷,高滩自然岸坡的崩退更加普遍,特别是当上游河道局部主流摆动,导致下游顶冲位置发生变化后,下游河段部分贴流段岸线崩退异常剧烈。这些变化影响河势及航道条件的稳定,因此,近年来水利部门、航道部门陆续对大量高滩岸线进行了守护,使主流顶冲或深泓贴岸区域的岸线得到了有效守护,上述长距离大范围岸线崩退的现象基本消失,中高滩滩体稳定性有所增强。从目前河势变化情况及分析来看,整个宜昌至武汉河段的总体河势格局已逐渐趋于稳定,河道的走向及河型相对趋于固定,仅个别水道存在河道形势发生剧烈变化的可能。河势规划尚不明确、高滩守护工程尚未完善的河段,如熊家洲至城陵矶连续急弯河段,其弯道走向及水流流路仍处在自然发展变化过程之中,有可能出现"撇弯切滩"等河势剧烈变化现象。

(2)滩槽冲淤变化剧烈,弯曲河段凸岸淤积减缓或转为冲刷,出现了或快或慢的切滩或撇弯趋势。

对于弯曲河段,一般而言,表现为凹岸冲刷后退,河道展宽引起凸岸主流的摆动,凸岸随之淤长,即凹冲凸淤;三峡蓄水以后的来沙量大幅减少,中洪水期主流漫滩,在不饱和挟沙水流作用下,滩面受到冲刷,且难以淤还,受此影响,中枯水流路也逐渐向凸岸侧摆动,凹岸逐渐淤积,从而形成或快或慢的切滩撇弯趋势,如碾子湾、调关、反咀、尺八口等水道。

**2. 分汊河段河床演变研究进展**

长江中下游的分汊河段由于受边界条件制约,河道难以自由摆动,但随着节点控制作用的不同,沿程各段弯曲率、放宽率也各有不同,在相邻的不同河段之间,或者同一河段在年内及年际不同时期,呈现出顺直、分汊、弯曲的不同河型属性。例如,界牌河段受连续分布的对峙节点制约,形成顺直的河道格局,但谷花洲上下由于放宽率不同,导致洲滩变形规律显著不同,谷花洲以上河道顺直单一,边滩年际之间缓慢下移,谷花洲以下则顺直分汊,主流周期性左右摆动;嘉鱼水道复兴洲、护县洲高大完整且偏于右岸,汛期虽呈分汊特点,枯期却近似为以左汊为唯一流路的单一河道,汊内边滩的上下移动决定枯期主流位置和浅滩水深某种程度上具有顺直段的特性;燕子窝水道心滩低矮,汛期水流漫滩表现为顺直河型,枯期其心滩则并岸而近似于边滩,心滩居左或居右决定了过渡段的位置和过渡段的浅滩条件;陆溪口、罗湖洲等鹅头型分汊段,左汊周期性蜿蜒左摆并趋于衰亡,表现出弯曲河道的属性,而弯曲率适中的戴家洲分汊段,则呈现左右汊交替发展的变化过程。以上特点表明,尽管同为分汊河道,但由于顺直段长段、节点卡口宽段、河段放宽率、弯曲率等特征的不同,各河段的滩槽变化特性差异较大,相应的浅滩碍航特性也存在差别,如何能对产生这些差异的原因形成统一认识是值得深入的问题。

长期以来,地学、水利界的专家学者针对分汊河道演变规律开展了广泛的研究,这些研究从来水来沙、边界条件、河道形态、水沙输移特点等不同角度深入探讨了分汊河道形成和维持的原因,认为节点排列方式及河岸抗冲性等边界条件与江心洲长度、宽度、稳定性之间存在密切关系,并据此将分汊河段划分为顺直分汊、弯曲分汊、鹅头分汊等类型,对每类汊道内节点挑流作用、主支汉地形与阻力特点、分汉口门的水沙输移特点、主支汉交替的周期都进行了深入分析。这些研究从较为宏观的角度归纳了分汉河段的地质地貌属性和水沙输移特性,对于认识分汉河段的大尺度地貌形态的长周期单向变形无疑是大有裨益的。然而,对于分汉河段的浅滩演变而言,很大程度上还取决于局部边滩、心滩等尺度较小地貌形态的短周期交替变化,这是地学和水利界关注较少的问题。例如水利学者的研究成果认为界牌河段新堤汉道自1934年以来即保持了稳定,嘉鱼汉道左汉的稳定期超过了70年,两者都是非常稳定的汉道,但航道部门的统计资料却显示以上两汉道内边滩、心滩频繁冲淤,主流分别以10年及5年左右的周期不断摆动,航道条件非常不稳定,这显然是由于从两种视角分析问题所导致。因此,出于航道整治的目的,需要对分汉河段演变规律,特别是洲滩交替冲淤、主流不断摆动的机理,从更加微观的角度补充更为细致的研究工作。

大量研究均表明分汉河段演变对于水沙条件变化较为敏感,随着上游水库的大规模修建,水沙条件变化下长江中下游分汉河段的调整方向同样也是值得关注的问题。尽管目前由于世界范围内大规模的水库等水利工程的修建使得人们对于水库下游的河床调整现象愈来愈重视,如三峡水库蓄水后其下游局部河段河势、洲滩调整也已引起了航道维护等部门的注意,也开展了相应的研究工作对河床调整特性和变化趋势进行了深入探讨,并取得一定的成果。但由于水库下游的洲滩变形不仅与水沙过程的调节幅度和方式有关,而且与原有的河道形态、河床组成等因素密切有关,不同河流上可能呈现出形形色色的现象,缺乏一般性规律可循,难以准确预测。丹江口水库下游的分汉段在蓄水后普遍出现小滩淤并为大滩、支汉萎缩的现象。英国、意大利一些河流在上游修建水库后,普遍出现洲滩淤积并岸,河道向单一化发展的趋势。美国 Trinity River 上游建库30余年后,仅坝下52km范围内洲滩萎缩,而靠近下游的河段则由于沿程沙量恢复较为充分,洲滩反而持续淤高。密西西比河来沙量减少后,其下游一些河段洲滩明显萎缩而深泓变化较小,洲滩较少的单一河段却以深泓明显下切为主。长江荆江河段在放宽段存在较多洲滩,蓄水前的洲滩演变就比较活跃,三峡水库蓄水以来的实测资料显示洲滩的调整特点又与以上现象有所差别,多项研究成果都显示江心洲向萎缩方向发展,汉道分流比则呈现了不同的演变特征,一些汉道体现为主长支消,分汉格局更加稳定,如武汉天兴洲、罗湖洲汉道,而另外一些则体现为主消支长,分汉格局不稳,甚至发生主支异位现象,如陆溪口汉道、土桥成德洲汉道等。目前对于这些差异现象产生的原因和内在机理尚缺乏深入认识,因此也无法对未来发展趋势形成准确的预判,不利于相应治理原则和工程措施的制定。

### 1.2.2　长江中下游河段航道治理方法研究

#### 1.弯曲河段航道治理方法

三峡水库蓄水后,受水沙条件变化的影响,近几年来,弯道段基本上表现为凸岸边滩冲刷,如碾子湾水道上段弯曲段,这一现象之所以出现是因为来沙量减少后,中洪水期主流漫滩后,由于水流挟沙不饱和,滩面必然受到冲刷,而且退水过程中难以淤还。三峡水库蓄水后弯道段凸岸边滩冲刷下移,顶冲点下挫,主流随着边滩的下移而摆动,弯道段出口崩岸展宽。

三峡水库蓄水后,弯曲型浅滩河段"凹冲凸淤"的规律发生了变化,近年来基本上表现为凸岸边滩冲刷,水流可能切割凸岸边滩,造成多槽争流的不利局面。另外,弯曲河段由于边滩冲刷下移,导致顶冲点下挫,主流随着边滩的下移而摆动,弯道段出口崩岸展宽。

根据河床演变趋势计算,弯曲型河段凸岸边滩仍将持续发生冲刷,受此影响,中枯水流路也逐渐向凸岸侧摆动,弯道段有切滩撇弯的趋势。

因此,弯曲浅滩河段航道整治思路是:通过工程措施,防止凸岸边滩冲蚀切割,进而造成主流摆动、顶冲点下移、弯道出口崩岸的不利局面。

据此,提出弯曲型(沙质河床)浅滩河段整治原则为:

(1)遏制凸岸边滩冲刷、切割,稳定弯道主流。

三峡水库蓄水以来,弯道段凸岸边滩以冲刷为主,主流摆动幅度加大且向凸岸侧摆动,而河心淤积,一些年份出现枯水多槽局面。针对该变化特点,需要通过工程措施,守护凸岸边滩,稳定主流流路,防止凸岸切滩而发生"一弯变,弯弯变"的不利局面。

(2)保护岸线稳定,控制河势变化。

弯道顶冲点下挫造成弯道段出口崩岸展宽,主流摆动范围加大,河势较不稳定,相应航道条件难以稳定,针对该情况,需要采取工程措施守护部分重点岸线,控制河势变化。

2. 分汊河段航道治理方法

从现有的整治工程来看,关于汊道浅滩的整治,可分为以下几种类型:

(1)稳定汊道现状。

当汊道发展演变至对航运等国民经济各部门和生态环境有利状态时,采取工程措施将这种有利的状态稳定下来。其措施:在分汊河段上游节点处、汊道入口处、汊道中部受冲刷崩退的滩岸处、江心洲(滩)头、尾处分别修建整治建筑物。

(2)堵汊工程。

此法主要的思路是堵塞正处于逐渐衰退的汊道,起塞支强干作用或促进正处于衰退汊道淤积,从而达到集中水流冲刷或增加浅滩段水深的目的。此法多用于中小河流,这些河流两岸多为丘陵高地,防洪问题不突出。即使在汉江中游、西江中游的冲积河段,尽管河道宽度较大,但由于防洪与航运之间的矛盾较小,早期的航道整治仍采用了这种"塞支强干"的方式。

(3)调整汊道分流比。

当汊道发展演变过程出现与航运等国民经济各部门的要求不相适应的情况,而又不允许或不可能通过塞支强干来加以治理时,可采取调整汊道分流比的方法解决存在的问题。目前国内外常采用的措施为:在分汊河段上游节点处修建控导工程或在汊道入口,或汊道内修建丁坝、顺坝等,调整汊道分流比,起到束水攻沙,冲刷浅滩的作用。西欧和北美一些国家主要靠挖泥疏浚措施来调整汊道分流比或解决浅滩碍航问题,我国在一些江河浅滩治理中也常用此法,但有时根据通航要求挖槽方向与水沙运动方向不一致时,挖后回淤严重,难以达到整治目的。

长江中下游最早的航道整治工程就是针对分汊河段—界牌水道航道整治工程,始于20世纪90年代中期,尽管上述在国内外其他河流航道整治的成功经验对于长江中下游分汊河段的航道治理极具借鉴意义,然而长江中下游作为大型冲积河道,其演变本身就极为复杂,再加上防洪、生态环境等外部条件的制约,造成现有的整治手段和规范规定的整治参数(中小河流整治经验及理论)实践运用中极其困难,具体原因如下:①分汊河段中航道治理首先要解决的问题就是要确定主要的通航汊道,这就必须要对汊道的发展趋势有准确的判断,然而由于长江中下游分汊河段在天然情况下就存在主流摆动幅度大、汊道冲淤多变的特性,三峡水库蓄水后更造成了不同类型的分汊河道出现了不同的调整特性,这无疑给分汊河段发展趋势的判断增加了难度,甚至会出现趋势预测与实际相反的情况,因此如何能准确判断汊道的发展趋势是分汊河段治理首先要解决的问题;②中小河流枯水河宽与航宽比较接近,河槽对航槽的控制作用较强,通过"塞支强干""束水攻沙"等手段可以有效地提高航道水深,并据此确定相应的整治水位及整治线宽度。但长江中下游地处冲积平原,沿江人民生命财产和工农业生产设施全靠堤防保护,洪水来量大,河槽泄流能力小的矛盾极为突出,一直是中华民族的心腹大患,再加上长江中下游鱼类资源丰富,多个分汊河段内都设有鱼类保护区,采用上述强进攻性的整治手段极有可能严重影响防洪安全和生态环境,即使采用相对较弱的调整分流比的整治手段,也必须考虑支汊内码头、取水口等涉水设施的需求,难以轻易实施。因此,在中小河流航道整治经验难以用于长江这样的大江大河,欧美大规模的渠化工程也无法借鉴的局面下,如何能制定满足多种目标需求的分汊河段航道治理措施,不仅是长江中下游目前航道整治的需要,而且也是丰富和发展航道整治理论的需要。

### 1.2.3 模拟技术研究进展

#### 1.物理模型模拟技术

长江物理模型试验始于1935年,由中央水工试验所先后进行了长江下游马当河段整治模型试验、镇江水道整治物理模型试验。目前长江上常用的河工模型有几种类型,分别为定床模型、动床模型、局部冲淤模型和河口潮流模型。

长江的河工模型试验工作经历了从一般的河道整治试验到大型的综合利用水利枢纽泥沙研究和复杂的河口研究,从比较简单的清水定床模型试验到难度较大的浑水全沙模型试验的过程[27-31],但目前模型相似理论和试验技术方面仍存在许多问题值得进一步深入研究。

(1)物理模型的变态问题。主要包括几何变态和时间变态,变态河工模型相似目前在理论上只能做到近似相似,因此,模型试验成果也只能是一种近似的预测,与天然河流或多或少存在一些偏离。

(2)泥沙起动相似问题。现有的具有代表性的动床模型相似律,均把泥沙起动相似条件作为必要的组成部分。然而由于推导起动流速比尺关系所依据的起动流速公式均是半经验半理论的,不仅没有得到天然河流资料的检验,而且即使是应用于模型中的均匀颗粒,公式计算也会有较大出入,更不能同时适用于原型与模型。因此建立的比尺关系并不成熟,从这一角度看,严格做到泥沙起动相似是困难的。

(3)河床阻力相似。在河工模型设计及试验中,流态及流速分布相似是河工模型泥沙运动相似的前提,而阻力相似又是保证流速及流速分布相似的重要因素。

(4)模型选沙问题。为保证河工模型的试验成果与天然情况相似,模型沙的选择以满足泥沙运动相似为主要条件,是河工模型试验中的一项关键技术,直接关系到模型泥沙运动和河床变形的相似性及试验预报精度,关系到模型试验成败。

因此,在开展动床模型设计时,必须对所选的几何比尺、模型沙材料反复比选,尽量使两个时间比尺相似,以回避时间变态所带来的一系列问题。

2. 数学模型模拟技术

基于浅水方程的二维数学模型已经广泛应用到内河航道整治工程领域,为工程的规划设计与施工发挥重要作用,并逐渐走向成熟化、商业化和实用化,各种商业软件如 Mike 系列,SMS 等都包含了对经典浅水方程的求解,但是这些模型一般都采用平面直角坐标系,然而自然界的河道水流,由于岸线曲折变化,水域长宽尺寸相差悬殊等特点,需要将模型边界条件进行修正和处理,如采用曲线坐标系下的数学模型等。这方面的工作从 20 世纪 80 年代起就变得很活跃,国内外学者开展了大量工作,目前,内河二维水流模拟效果较好。与二维水流模拟相比,由于泥沙问题的复杂性,目前河道泥沙冲淤还不能很好地模拟,使得其应用受到限制,其主要原因在于阻力、挟沙力等参数的计算模式与方法的研究主要针对一维情况,在平面二维水沙数值模拟中通常采用一维模型的计算方法,难以反映流速、含沙量横向的不均匀分析,造成了平面冲淤分布的失真。因而,从水沙运动的物理机理出发,对数值模拟中的关键参数提出更加实用的计算模式,仍是需要开展的工作。

自然界中常见的水流通常都具有三维特性,采用二维数学模型无法获取与流动相关的三维信息。因此,有必要对流动三维数值模拟中的一些关键问题进行进一步的研究。随着计算机容量和计算技术水平的提高,现在流动在三维模拟方面得到了广泛的应用。20 世纪 70 年代,Zelazny S. W. 和 Baker A. J. (1975)、Leschziner 和 Rodi(1979)开始进行明渠水流的三维数值模拟研究,近 30 年来发展极为迅猛。商业性计算软件中比较有代表性的有美国普林斯顿大学的 POM 模型、美国陆军工程兵团的 CH3D 系列模型和荷兰 Delft 水力学实验室的 Delft 3D 模型,国内一些学者在这方面也做了大量的工作,浅水流动和输运三维数学模型的发展离不开基本理论的发展和完善。紊流对物质的输移、特别是泥沙的起动和落淤起着决定性的作用,但由于问题的复杂性,目前对紊流的认识尚不十分清楚;悬移质泥沙的输移,其大部分成熟的理论还是建立在一维恒定均匀流的基础上,如糙率、挟沙力、恢复饱和系数等。悬沙等物质的运动和输移规律都是非常模糊而又亟待解决的问题。因此应加大对紊流运动和悬沙等物质输移规律的理论和试验研究。三维模型的结构复杂,计算工作量剧增,要求模型必须有较高的效率,同二维数值计算相比,浅水流动和输运三维数学模型对计算格式和求解方法要求更加苛刻。

综合来看,水沙模拟技术在理论研究和工程实践中发挥的推动作用越来越明显,而要解决当前河流开发和治理中出现的新问题,长时间尺度的趋势性变化与短时间尺度的精细模拟同等重要,从计算模式、计算方法两方面完善和发展水沙输移数值模拟技术是亟须开展的工作。

# 1.3 本书主要内容

长江中下游河段由于矶头、节点等控制,形成了弯曲-分汊河段相互交替和过渡连接段的特殊河型,连接的弯曲段具有削弱上、下游河势传递的作用,但三峡水库蓄水之后,弯曲河段的凸岸边滩出现了较为明显的冲刷,这一现象与蓄水前"凸岸边滩淤积,凹岸边滩冲刷"的规律不相一致。这一变化的出现,使得弯曲河段自身的稳定性趋差,同时使上、下游河势传递的联动特征逐渐增强,不能为下游连接的分汊河段提供稳定的入流条件,引起下游汊道交替现象的发生,航道条件变得不稳定。

目前弯曲-分汊联动河段的治理技术尚不成熟，在国内外可借鉴的经验较少。本书以长江中下游弯曲-分汊组合河段作为研究对象，提出适用于长江中下游弯曲-分汊河段河道特点的航道整治理论方法和技术。具体如下：

第1章，绪论。从总体上介绍长江中下游航道建设现状、航道治理技术研究现状等，提出本书的主要内容。

第2章，非线性河流动力学演变模型。统计了长江、黄河、湘江、东江、蓟运河、海河等天然河流的部分河湾形态，并开展了多组次自然模型试验，提炼了天然河流几何形态自相似规律。采用流动稳定性理论和摄动法，建立了河流非线性动力学演变方程，分析天然河流几何形态自相似规律形成机理。

第3章，弯曲、分汊河段联动特征分析。研究了新水沙条件下长江中下游弯曲、分汊河段滩槽调整机理。阐明了弯曲河段联动性强弱与节点（矶头）、弯曲率、河相系数、河势控制等的作用关系，对弯曲河段阻隔性强弱的维持机制进行了研究。分析了节点（矶头）、岸线控制、岸坡土体组成和流量过程对河势稳定性的影响，建立了河势稳定性综合评价指标。

第4章，弯曲-分汊联动河段治理技术。分析了长江中下游弯曲河段、分汊河段碍航特性及航道整治面临的问题，提出将弯曲-分汊型河段作为组合河段进行联动治理的思路，并提出联动治理原则。长江中下游已实施的航道整治工程从工程强度可分为守护型和调整型两类。本章从理论角度探讨了守护型控导工程实现航道治理目标的内在原因。以常用的丁坝作为调整型工程代表，进一步研究了调整型航道整治建筑物对流场的改变，分析了丁坝水毁特征。并研究了长江中下游航道整治工程中绿色环保材料的选型问题，提出了不同护岸位置宜采用的生态材料。

第5章，航道治理模拟技术研究。主要介绍了适应模拟内河河流的二维水沙数学模型和三维非静压数学模型程序模块。

第6章，选取长江中下游典型河段作为示例，介绍了本书研究成果在长江中下游航道整治理论与技术中的应用情况。

# 第2章　非线性河流动力学演变模型

## 2.1　天然河流几何形态分析

天然河流河湾形态可以概化为如图2-1所示的等宽渠道。图中描述河弯形态的参数包括河湾的直线波长 $\lambda$，单弯的曲线长度 $M$，最大偏角 $\omega$，波幅 $A$ 和河宽 $B$，河流的弯曲度一般定义为 $C=\dfrac{M}{\lambda}$，即单弯的曲线长度与直线距离之比；弯曲度为 1 表示直线河道，当河弯接近裁弯取直时，$\lambda$ 值趋近于零，此时弯曲度趋近于无穷大。顺直河流和弯曲河流之间一般用弯曲度区分，Galay 认为弯曲度大于 1.3 时河流为弯曲河型。对天然河流河湾形态的研究，可为单一弯曲段及弯曲-分汊河段航道整治中目标河型和理想航路选择提供理论依据。

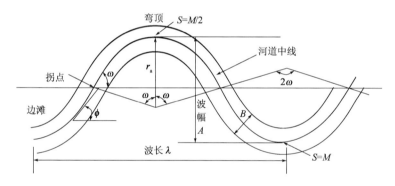

图2-1　河湾几何形态示意图

### 2.1.1　天然河流几何形态

许栋对黄河、长江、蓟运河、海河等河流的部分河湾几何形态进行了统计分析，统计表明，黄河干流共有河弯486个，按弯曲度大于1.3为弯曲河型的典型河弯进行划分，共有143个典型河弯；长江共划分为148个河弯，其中典型河弯42个；蓟运河共有河弯62个，其中典型河弯42个。

不同河流河湾的弯曲度沿程分布见图2-2。从图中可以看出，弯曲度沿程的变化幅度很大，当河弯接近于裁弯取直时，弯曲度将趋近于无穷大，而当河道较为顺直时，弯曲度接近于1，统计河段并没有发现正在裁弯取直或非常接近于裁弯取直的河弯。黄河、长江、蓟运河的平均弯曲度分别为1.30、1.28、1.56，而整体弯曲度分别为2.67、1.94、2.22，整体弯曲度大于平均弯曲度。虽然黄河和长江有许多强弯河段，然而从整体来看，约50%的河段弯曲度小于1.3，不属于弯曲型河流；蓟运河大部分河湾的弯曲度大于1.3，属于典型的弯曲型河流。

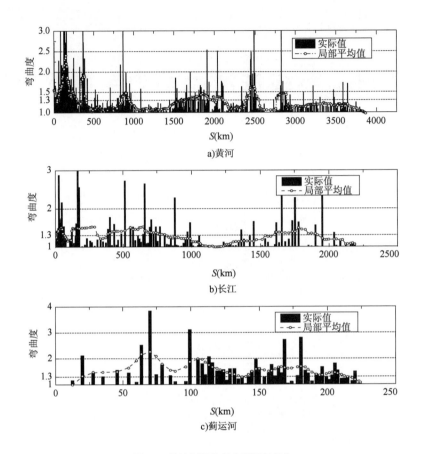

a)黄河

b)长江

c)蓟运河

图 2-2　统计河流的弯曲度沿程变化

河弯波长的沿程分布见图 2-3。河弯波长的沿程变化缓于弯曲度,黄河和长江在上游河弯较发育的河段河弯波长较小,而在下游地区波长较大。黄河、长江、蓟运河的平均波长分别为 8.04km、14.07km、3.5km。

### 2.1.2　自然模型小河几何形态分析

本试验采用自然模型试验法,利用模型小河模拟天然河流的演变,根据试验要求塑造不同宽深比的顺直河槽,研究不同条件引发河流下游摆动的特点。

本试验在长 15m、宽 3m、深 0.5m 的水池中进行,见图 2-4,池中铺有选定的试验沙,用于建造模型小河,$D_{50}$ 约为 0.62mm。沿长度方向,水池的边壁顶端固定有测桥轨道,用于测量时来回移动测桥采集数据。根据试验条件塑造不同的初始河道,用水准仪控制河道比降,河道进出口有不可冲节点控制。另外配有表面流场粒子跟踪测速系统(PTV)、光纤地形仪等流速、地形测量仪器,以保证试验数据的准确性。水流循环系统由离心泵、输水管道、试验河道和蓄水池组成,由水泵从右端蓄水池提水经输水管道注入左端蓄水池,经过试验河道,再流入右端蓄水沉沙池,完成一个水流循环过程。可通过调节离心泵上的蝶阀来控制试验所需流量大小。

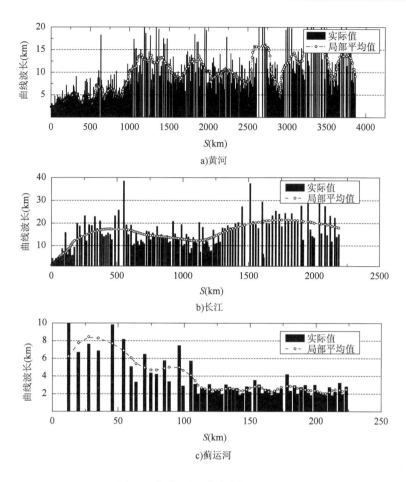

a)黄河

b)长江

c)蓟运河

图2-3 统计河流的曲线波长沿程变化

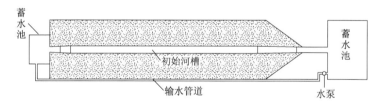

图2-4 模型小河示意图

共设计了8个组次的试验,选取不同的坡降与不同的流量、初始河槽组合进行试验,以研究它们之间的关系。表2-1为试验布置及稳定情况。

河弯演变特性试验组次 表2-1

| 组次 | 初始河道形态 | 入射角(°) | 初始宽度 B(cm) | 初始深度 H(cm) | 流量 Q(L/s) | 床面比降 J(‰) | 试验历时 t(h) | 稳定河型 |
|------|------|------|------|------|------|------|------|------|
| RUN1 | 顺直 | 0 | 20 | 5 | 0.1 | 7 | 29 | 弯曲 |
| RUN2 | 顺直 | 0 | 20 | 5 | 0.1 | 18 | 15 | 弯曲分汊 |

续上表

| 组次 | 初始河道形态 | 入射角（°） | 初始宽度 B（cm） | 初始深度 H（cm） | 流量 Q（L/s） | 床面比降 J（‰） | 试验历时 t（h） | 稳定河型 |
|---|---|---|---|---|---|---|---|---|
| RUN3 | 顺直 | 0 | 40 | 5 | 0.2 | 8 | 17 | 弯曲 |
| RUN4 | 弯曲 | 0 | 15 | 4 | 0.68 | 3 | 29 | 弯曲分汊 |
| RUN5 | 顺直 | 0 | 20 | 4 | 1 | 6 | 29 | 弯曲 |
| RUN6 | 顺直 | 0 | 24 | 4 | 1.33 | 10 | 22 | 微弯 |
| RUN7 | 顺直 | 45 | 15 | 3 | 0.71 | 6 | 21 | 弯曲 |
| RUN8 | 顺直 | 30 | 15 | 3 | 0.71 | 6 | 21 | 弯曲 |

为了方便研究和比较，我们将模型小河的控制段（取 10m）平均分为 10 段，从零米处开始计，断面间隔为 1m，共得到 11 个断面，并用测钎标记，以它们为特征断面，进行相关的观测研究。断面上每个测点的横坐标可由带刻度的侧桥测得，纵坐标用卷尺测量，误差均为 1mm；高程则由地形仪校正的测针测得，误差 0.1mm；在试验过程中测量流量，用浮纸测速法测量流速，关水后测量主河道、地形以及河道形态特征，取特征断面不同点处沙子标本，分析沙粒级配情况。

在实验过程中，因本实验选用的无黏性沙抗冲能力低，所以为了保持河岸的稳定性，将初始流量调节较小，使用小流量冲刷。这是因为若初始时刻就将流量放至计算稳定状态值时将会使河流迅速展宽而影响河流形成过程。同时实验过程中要始终保持水面坡降与河槽坡降相同，避免下游出现急流或者流速过大的情况而导致的水流下切作用。这种情况会带走大量泥沙，影响实验的效果。待河流自调整约 1h 后逐渐加大流量至计算值。图 2-5 为河道稳定演变结果。

a) RUN1

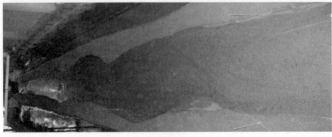

b) RUN2

图 2-5

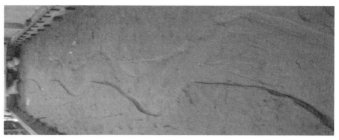

c) RUN3

d) RUN4

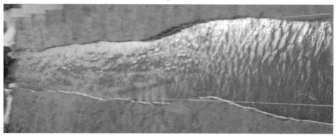

e) RUN5

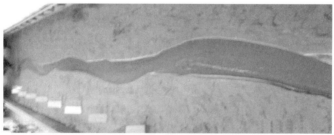

f) RUN6

g) RUN7

图 2-5

h) RUN8

图 2-5 模型河流河道稳定形态

为了分析河湾的波长和河宽之间的关系,对 7 条天然河流共 36 个河弯进行了采样,并对 8 组自然模型河流进行了统计,统计结果见图 2-6。从图中可以看出,河湾的波长和河宽之间呈明显的线性关系,波长约为河宽的 11.7 倍。

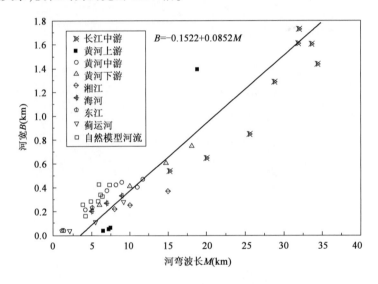

图 2-6 河弯的曲线波长和河宽之间的近似线性关系

## 2.2 河流演变的非线性理论

Langbein 和 Leopold 认为河流最可能的流路为正弦派生曲线,其表述方程为 $\theta(s) = \theta_m \sin(2\pi s^*/M^*)$,$s^*$ 为纵向坐标,$\theta$ 为轴线与 $x^*$ 轴偏角,$\theta_m$ 为曲线与 $x^*$ 轴的最大夹角,$M^*$ 为曲线波长,见图 2-7。正交曲线 $(s^*, n^*)$ 自然坐标系,$s^*$ 坐标为河道中心线,$y_0^* = y^*(x_0^*)$,$n^*$ 坐标垂直于河道中心线。

长度尺度、速度尺度、时间尺度分别用半河宽 $B^*$、零阶基本流流速峰值 $U_m^*$、$B_r^*/U_r^*$ 进行无量纲;河道曲率用河道最大曲率 $c_m^*$ 无量纲化,对于正弦派生曲线 $c*_m = 2\pi/M*$。以上标 $*$ 表示有量纲的物理量,其关系式为:

$$(s*, n*) = B_r * (\alpha^{-1}s, n); c* = c*_m c; (u*, v*)$$
$$= U_m * (u_s, u_n); p* = \rho * U_r *^2 p; t*$$
$$= t B*/U_r * \qquad (2-1)$$

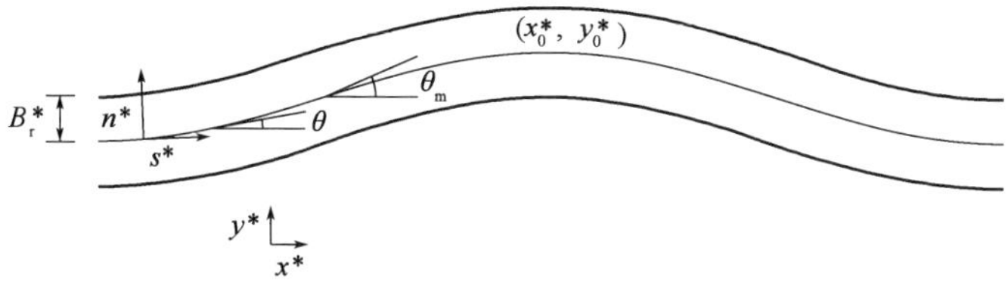

图 2-7 正弦派生曲线河槽平面示意图

正弦派生曲线相关参数的无量纲参数:摆动波数 $\alpha_c$,摆动角频率 $\omega_c$,则有 $\alpha_c = 2\pi B*/M*$。一般来说,河道的摆动周期以百年(甚至更长的时间)来计,摆动频率很小,可近似认为 $\omega_c = 0$。

无量纲参数:弗汝德数 $Fr^2 = U_m *^2/g* H*$;河谷比降 $S_r$;摩阻系数 $C_f = Fr^{-2}S_r$。

无量纲曲率:$c(s) = \exp[i(\alpha_c s - \omega_c t)] + c.c$,无量纲参数:$\psi = \alpha_c \theta_m$,表示河道弯曲程度。

坐标变换的拉梅系数为:

$$h_s = 1 - \psi nc ; h_n = 1 \qquad (2-2)$$

无量纲形式的控制方程为:

$$h_s^{-1} \frac{\partial u_s}{\partial s} + \frac{\partial u_n}{\partial n} - h_s^{-1} \psi c u_n = 0 \qquad (2-3)$$

$$\frac{\partial u_s}{\partial t} + h_s^{-1} u_s \frac{\partial u_s}{\partial s} + u_n \frac{\partial u_s}{\partial n} - h_s^{-1} \psi c u_s u_n = h_s^{-1} C_f - h_s^{-1} \frac{\partial p}{\partial s} + Re^{-1} \bar{\Delta} u_s$$
$$- \psi Re^{-1} \left[ 2 h_s^{-2} c \frac{\partial u_n}{\partial s} + \frac{\partial u_s}{\partial n} + h_s^{-2} \psi c^2 u_s \right] + \frac{\psi}{Re} \frac{\partial c}{\partial s} \left[ h_s^{-3} n \frac{\partial u_s}{\partial s} - h_s^{-2} u_n \right] \qquad (2-4)$$

$$\frac{\partial u_n}{\partial \tilde{t}} + h_s^{-1} u_s \frac{\partial u_n}{\partial s} + u_n \frac{\partial u_n}{\partial n} + h_s^{-1} \psi c u_s^2 = - \frac{\partial p}{\partial n} + \frac{1}{Re} \bar{\Delta} u_n$$
$$+ \frac{\psi}{Re} \left[ 2 h_s^{-2} c \frac{\partial u_s}{\partial s} - h_s^{-1} c \frac{\partial u_n}{\partial n} - h_s^{-2} \psi c^2 u_n \right] + \frac{\psi}{Re} \frac{\partial c}{\partial s} \left[ h_s^{-3} n \frac{\partial u_n}{\partial s} - h_s^{-2} u_s \right] \qquad (2-5)$$

边界条件为:$n = \pm 1, u_n = 0, u_s = -\theta_m \omega_c nc$

式中,$u_s$、$u_n$ 为纵向和横向无量纲平均流速,拉普拉斯算子 $\bar{\Delta} = h_s^{-2} \frac{\partial^2}{\partial s^2} + \frac{\partial^2}{\partial n^2}$。

对于常见的宽浅河道,在平面二维方程中,主要的作用力有重力分量、压力梯度、平面切应力三项。由于垂向的流速梯度远大于其他两个方向,具体根据 Elder(1956),Engelund(1967) 的理论,紊动黏滞系数可表示为 $\nu_t^* = a u_* H_r^*$,$a = 0.077$,摩阻流速 $u_*^* = \sqrt{g* H_r* S_r}$,$H_r^*$ 为平均水深。

类比紊流雷诺数,定义大尺度水流结构对应的惯性力(动量流 $-u_i u_j$)与底部摩阻引起的切应力之比为雷诺数 $Re = U_m B_r^* / v_t^*$。

按照流体力学中处理紊流拟序结构的理论方法,方程的解 $\boldsymbol{F} = \begin{bmatrix} u_s & u_n & p \end{bmatrix}^T$ 分解为基本流解 $\boldsymbol{F}_\psi$ 与拟序结构解 $\boldsymbol{F}_T$ 之和的形式,$\boldsymbol{F} = \boldsymbol{F}_\psi + \boldsymbol{F}_T$。

微弯情况下,弯曲指数 $\psi$ 为小量,对 $\boldsymbol{F}_\psi$ 进行摄动分解,只保留一阶摄动一次谐波量:

$$\boldsymbol{F}_\psi = \boldsymbol{F}_{\psi 0} + \psi \boldsymbol{F}_{\psi 1} \exp\left[ i(\alpha_c s - \omega_c t) \right] + o(\psi^2) \tag{2-6}$$

式(2-6)中第一项 $\boldsymbol{F}_{\psi 0}$ 为顺直项部分($\psi^0$),对应 $\psi = 0$ 时的顺直河道,$\boldsymbol{F}_{\psi 0}$ 为实数向量。第二项为一阶弯曲修正项,$\boldsymbol{F}_{\psi 1} = \begin{bmatrix} u_{s\psi 1} & u_{n\psi 1} & p_{\psi 1} \end{bmatrix}^T$,$\boldsymbol{F}_\psi$ 为复数向量。

正弦派生曲线型河道边界为波形边界,一阶基本流 $\boldsymbol{F}_{\psi 1}$ 是由边界摆动引起的波动量,这种波动量对于其内的水流结构稳定性和保持性有很大的影响,使河道内部既有流动的自然失稳亦有由于河道弯曲、摆动诱发的失稳,属于 Floquet-Lyapunov 问题的范畴。

在微弯情况下,拟序结构解包含边界扰动诱发的各次谐波成分,由于基本量 $\boldsymbol{F}_\psi$ 对($\alpha_c$,$\omega_c$)取 $\psi$ 一阶近似,根据 Floquet 理论,扰动解中包含 $-1, 0, 1$ 次谐波量,式(2-6)应在 $m = \pm 1$ 处截断,扰动量(复数向量)$\boldsymbol{F}_T = \begin{bmatrix} \hat{u}_{sT} & \hat{u}_{nT} & \hat{p}_T \end{bmatrix}^T$ 可表述为以下形式:

$$\boldsymbol{F}_T = \varepsilon_T \sum_{m=-1}^{1} \boldsymbol{F}_{Tm} \exp\left[ i(\alpha_T s - \omega_T t) + im(\alpha_c s - \omega_c t) \right] + o(\varepsilon_T^2) \tag{2-7}$$

图 2-8 为扰动增长率与摆动波长的关系。由此可以看出,扰动增长率并不随摆动波长呈单调增大或减小,而是随着摆动波长从零(顺直河槽)逐渐增大的过程中,先增大,在此例中增大到约 0.18 时开始减小,减小至 0.4 左右,又开始增大。对于某一特定摆幅 $\theta_m$ 的河道,临界雷诺数与其摆动波数有关。摆动波数相对较大的长摆距区域[摆动波数 $\alpha_c \in (0,0.18)$],临界雷诺数随摆动波幅增大而减小,水流更不稳定。而在摆动波数相对较小的短摆距区域[$\alpha_c \in (0.18,0.4)$],则与长摆距区域趋势相反,临界雷诺数随摆动波幅增大而增大,水流更趋稳定。

图 2-9 为临界雷诺数随摆动特征量的变化情况,临界雷诺数极小值对应的摆动波数几乎不随摆动波幅变化而变化,其值为 $\alpha_c \approx 0.18$,对应的河槽曲线长度与河宽比值 $\lambda^* / B^* \approx 17.45$。极大值对应的扰动波数 $\alpha_{cm}$ 随着摆幅 $\theta_m$ 增大略有变化,$\alpha_{cm} = 0.39 \sim 0.41$,其对应的河槽曲线长度与河宽比值 $M^* / B^* \approx 7 \sim 11$。该计算成果与天然河流统计得到的弯曲河流波长与河宽关系($M^* = aB^{*m}$,$M^*$ 为弯道直线波长,$B^*$ 为河宽,指数 $m \approx 1$)中 $a$ 系数值极其接近。

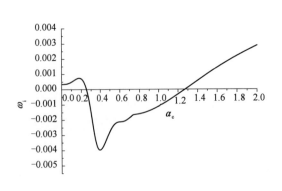

图 2-8　扰动增长率随摆动波长的变化

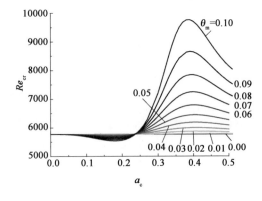

图 2-9　临界雷诺数随摆动特征量的变化

# 第3章 弯曲、分汊河段联动特征分析

## 3.1 新水沙条件对长江中下游河床演变过程影响

水库或大坝将河流拦腰截断,尤其是梯级水库联合运用后强大的调度功能对河流径流起到了巨大的调节作用,改变了下游天然的水文循环和泥沙输移过程,而水沙过程对于河流地貌系统结构和功能维持起着至关重要的作用。由于水库调蓄程度在时间上的推移,水库下游河床调整和水位变化存在明显阶段性特征,不同位置、不同时期水位变幅出现明显的时空分异特点。水库下游距坝远近其冲刷泥沙来源不同,一般认为在河床冲刷过程中越靠近大坝源于河床比重越大,越向下游源于岸滩比重越大,表明坝下游河床形态调整在河段单元尺度上存在差异。

### 3.1.1 水文泥沙总体变化情况

三峡水库坝下游宜昌至大通河段长度 1183km,依据河床组成划分为砂卵石和沙质河段,其中宜昌至枝城为砂卵石河段,长度为 61km,枝城至大埠街为砂卵石向沙质的过渡段,长度为56.4km,大埠街至大通为沙质河段,长度为 1065.6km(图 3-1)。研究河段内干流有宜昌、枝城、沙市、监利、螺山、汉口和大通等水文站;洞庭湖分流为松滋河、虎渡河和藕池河,习称洞庭湖三口;洞庭湖、汉江和鄱阳湖入江水文控制站分别为城陵矶站、皇庄站和湖口站。

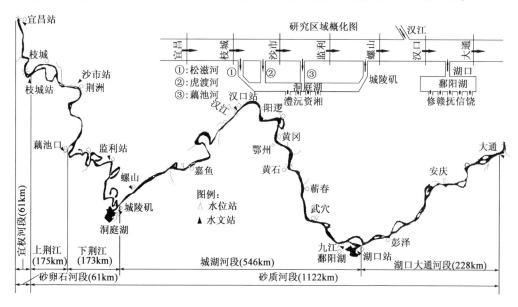

图 3-1 三峡水库坝下游区域图

1. 水沙变化

三峡水库蓄水后长江中游主要水文站输水输沙变化特征值见表3-1、表3-2及图3-2。

(1)径流量变化。

三峡水库蓄水前,坝下游宜昌、枝城、沙市、监利、螺山、汉口多年平均径流量分别为 $4368 \times 10^8 \mathrm{m}^3$、$4450 \times 10^8 \mathrm{m}^3$、$3942 \times 10^8 \mathrm{m}^3$、$3576 \times 10^8 \mathrm{m}^3$、$6460 \times 10^8 \mathrm{m}^3$、$7111 \times 10^8 \mathrm{m}^3$。三峡水库蓄水后,2003～2007年期间,除监利站基本持平外,2008～2012年期间为略有增加,宜昌、枝城、沙市、螺山和汉口站均为减小趋势,减幅均在4%～10%之间。2008～2012年与2003～2007年期间比较,宜昌、沙市、监利和汉口站均有不同程度的增加,枝城和螺山站为减小趋势,减幅在4.0%左右。三峡水库蓄水后2003～2012年期间与蓄水前多年平均水量比较,蓄水后10年期间,监利站略有增加,其余测站均为减小趋势。

三峡水库蓄水后长江中下游主要水文站径流量统计表(单位:$10^8 \mathrm{m}^3$)　　　表3-1

| 时　间 | 宜昌 | 枝城 | 沙市 | 监利 | 螺山 | 汉口 |
|---|---|---|---|---|---|---|
| 多年平均(蓄水前) | 4368 | 4450 | 3942 | 3576 | 6460 | 7111 |
| 2003～2007年 | 3923 | 4201 | 3720 | 3560 | 6176 | 6677 |
| 变化率A | −10.19% | −5.60% | −5.63% | −0.45% | −4.40% | −6.10% |
| 2008～2012年 | 4019 | 4015 | 3795 | 3699 | 5950 | 6710 |
| 变化率A | −7.99% | −9.78% | −3.73% | 3.44% | −7.89% | −5.64% |
| 变化率B | 2.45% | −4.43% | 2.02% | 3.90% | −3.66% | 0.49% |
| 变化率C | −9.09% | −7.69% | −4.68% | 1.50% | −6.15% | −5.87% |

注:变化率A、B分别为与2002年前均值、2003～2007年均值的相对变化,变化率C为2003～2012年与蓄水前均值的相对变化。

(2)输沙量变化。

三峡水库蓄水前,坝下游宜昌、枝城、沙市、监利、螺山、汉口多年平均输沙量分别为 $4.92 \times 10^8 \mathrm{t}$、$5 \times 10^8 \mathrm{t}$、$4.34 \times 10^8 \mathrm{t}$、$3.58 \times 10^8 \mathrm{t}$、$4.09 \times 10^8 \mathrm{t}$、$3.98 \times 10^8 \mathrm{t}$。三峡水库蓄水后,2003～2007年荆江河段各水文站输沙量较蓄水前多年均值减幅在67%～86%之间,2008～2012年期间较蓄水前减幅在75%～94%之间,减幅明显增加。2003～2012年10年整体较蓄水前多年均值减幅为71%～90%,越向下游这一减幅逐渐减小。

三峡水库蓄水后长江中下游主要水文站输沙量统计表(单位:$10^8 \mathrm{t}$)　　　表3-2

| 时　间 | 宜昌 | 枝城 | 沙市 | 监利 | 螺山 | 汉口 |
|---|---|---|---|---|---|---|
| 多年平均(蓄水前) | 4.92 | 5 | 4.34 | 3.58 | 4.09 | 3.98 |
| 2003～2007年 | 0.67 | 0.817 | 0.93 | 1.02 | 1.139 | 1.293 |
| 变化率A | −86.38% | −83.66% | −78.57% | −71.51% | −72.15% | −67.51% |
| 2008～2012年 | 0.298 | 0.343 | 0.455 | 0.652 | 0.789 | 0.988 |
| 变化率A | −93.94% | −93.14% | −89.52% | −81.79% | −80.71% | −75.18% |
| 变化率B | −55.52% | −58.02% | −51.08% | −36.08% | −30.73% | −23.59% |
| 变化率C | −90.16% | −88.40% | −84.04% | −76.65% | −76.43% | −71.34% |

注:变化率A、B分别为与2002年前均值、2003～2007年均值的相对变化,变化率C为2003～2012年与蓄水前均值的相对变化。

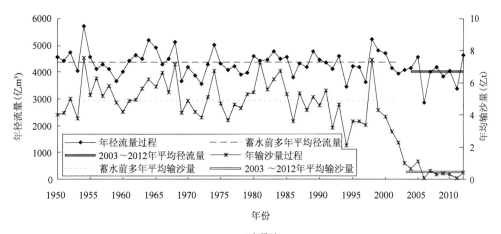

a)宜昌站

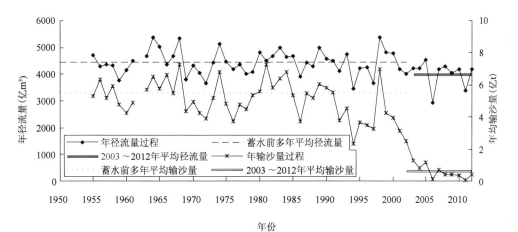

b)枝城站

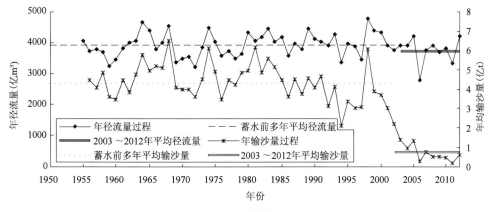

c)沙市站

图 3-2

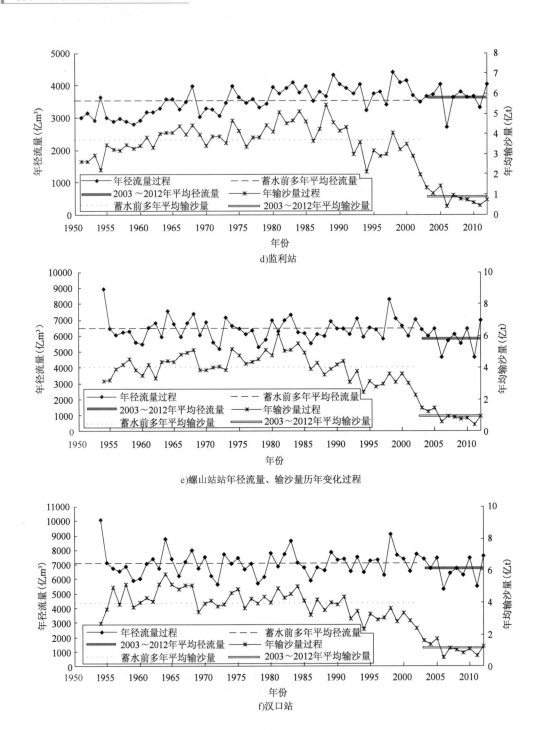

d)监利站

e)螺山站站年径流量、输沙量历年变化过程

f)汉口站

图 3-2　长江中下游主要水文站站年径流量、输沙量历年变化过程

　　三峡水库蓄水以来荆江河段内各站年均含沙量明显小于蓄水以前多年平均值,越向下游这一差异越小(表3-3)。三峡水库蓄水前沿程各站年均含沙量因三口分流分沙的存在而沿程

递减,三峡水库蓄水以来荆江水流含沙量表现为沿程增加,表明坝下游河道发生沿程冲刷,含沙量有所恢复。

**三峡水库蓄水前后荆江各站年均含沙量变化表**(单位:kg/m³)　　表3-3

|  | 枝城 | 沙市 | 监利 |
|---|---|---|---|
| 蓄水前多年平均值 | 1.124 | 1.101 | 1.001 |
| 蓄水后平均值 | 0.144 | 0.184 | 0.230 |

**2.流量过程及水位的变化**

(1)流量过程

长江中下游径流年内分配不均,主要集中在汛期5~10月,三峡水库蓄水前占全年的71%~79%,非汛期径流量仅占全年的21%~29%;三峡水库蓄水后,受水库调节大洪峰、9~10月份蓄水以及枯水期流量补偿的调度方式影响,5~10月径流量较蓄水前有所减小,占全年的69%~76%,非汛期径流量则有所增加,占全年24%~31%(图3-3)。

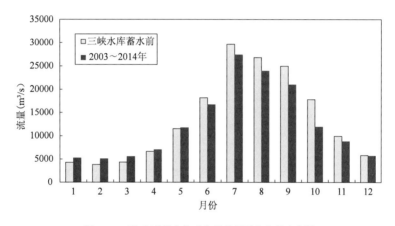

图3-3　三峡水库蓄水前后宜昌站月平均流量变化图

其中,随着坝前蓄水水位不断抬升,三峡水库枯水补偿调节直接引起坝下游河段的枯水流量发生不同程度的增加,特别是宜昌至城陵矶河段最枯流量增加明显(表3-4)。

**长江中下游主要水文站最小流量统计表**(m³/s)　　表3-4

| 历　　史 |  | 宜昌 | 沙市 | 监利 | 螺山 | 汉口 | 九江 | 大通 |
|---|---|---|---|---|---|---|---|---|
|  |  | 2770 | 3320 | 2810 | 4060 | 4830 | 5850 | 4620 |
| 三峡水库135m蓄水阶段 | 2003年 | 2950 | 3270 | 3520 | 6420 | 8910 | 9950 | 10400 |
|  | 2004年 | 3670 | 4150 | 3920 | 5340 | 7290 | 7920 | 8380 |
|  | 2005年 | 3730 | 4400 | 4130 | 6780 | 8980 | 9200 | 9730 |
|  | 2006年 | 3890 | 4500 | 4370 | 6500 | 7780 | 8510 | 9650 |
| 三峡水库156m蓄水阶段 | 2007年 | 4090 | 4550 | 4630 | 6940 | 7800 | 8440 | 10000 |
| 三峡水库175m蓄水阶段 | 2008年 | 4420 | 4730 | 5080 | 6660 | 8080 | 8760 | 10300 |
|  | 2009年 | 5030 | 5760 | 5770 | 7120 | 9310 | 9470 | 10700 |
|  | 2010年 | 5240 | 5760 | 5800 | 6780 | 9150 | 9030 | 11300 |

| 历　　　史 | | 宜昌 | 沙市 | 监利 | 螺山 | 汉口 | 九江 | 大通 |
|---|---|---|---|---|---|---|---|---|
| | | 2770 | 3320 | 2810 | 4060 | 4830 | 5850 | 4620 |
| 三峡水库175m蓄水阶段 | 2011年 | 5640 | 5980 | 6180 | 7810 | 10400 | 10400 | 12400 |
| | 2012年 | 5680 | 5820 | 6200 | 7730 | 10300 | 10400 | 11200 |
| | 2013年 | 5510 | 5790 | 6080 | 7560 | 8180 | 9450 | 10300 |

（2）干流水位

长江中下游河段一般7～9月为高水期,各站历年最高水位主要在该段时期内出现;12月、1～3月为枯水期,各站历年最低水位主要在该段时期内出现。三峡水库蓄水前后,水位年内变化规律未有大的改变,但9～11月主要受三峡水库蓄水影响,月均水位较蓄水前明显降低;枯季1～3月,三峡水库枯水流量补偿,但宜昌、沙市站因三峡清水下泄引起的河床下切明显,月均水位较蓄水前有所减小,而城陵矶以下河段河床冲刷相对较弱,月均水位均较蓄水前有所抬高;枯季12月,各站月均水位均较蓄水前降低(图3-4)。

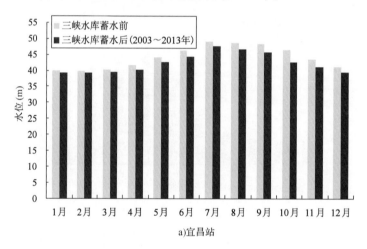

a)宜昌站

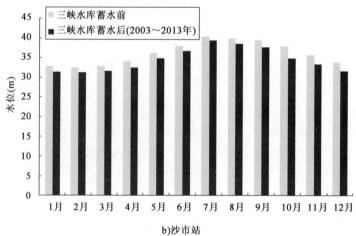

b)沙市站

图 3-4

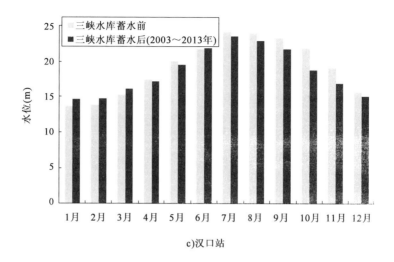

c)汉口站

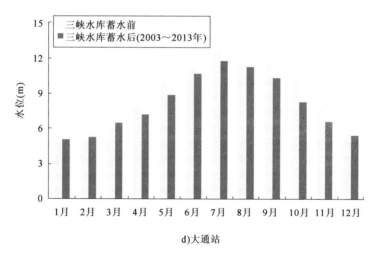

d)大通站

图3-4 三峡水库蓄水前后长江中下游主要水文站月平均水位变化图

**3.悬沙和床沙颗粒变化特征**

整理长江中、下游水文测站悬沙中值粒径变化,蓄水前选取 1960～1986 年、1986～2002 年数据,蓄水后选取 2003～2012 年数据(表 3-5)。结果表明:1960～1986 年期间中下游悬沙中值粒径大于后两个时期。1987～2002 年和 2003～2012 年比较,宜昌站和枝城站悬沙中值粒径蓄水后较蓄水前减小,沙市、监利、螺山、汉口断面蓄水后较蓄水前增加,沙市站和监利站增幅较大。

长江中下游典型测站悬沙中值粒径 表3-5

| 年 份 | 宜昌 | 枝城 | 沙市 | 监利 | 螺山 | 汉口 |
| --- | --- | --- | --- | --- | --- | --- |
| 1960～1986 年期间 | 0.032 | | 0.029 | 0.026 | 0.030 | 0.024 |
| 1986～2002 年期间 | 0.009 | 0.009 | 0.012 | 0.009 | 0.012 | 0.010 |

| 年　　份 | 宜昌 | 枝城 | 沙市 | 监利 | 螺山 | 汉口 |
|---|---|---|---|---|---|---|
| 2003 年 | 0.007 | 0.011 | 0.018 | 0.021 | 0.014 | 0.012 |
| 2004 年 | 0.005 | 0.009 | 0.022 | 0.061 | 0.023 | 0.019 |
| 2005 年 | 0.005 | 0.007 | 0.013 | 0.025 | 0.010 | 0.011 |
| 2006 年 | 0.003 | 0.006 | 0.099 | 0.150 | 0.026 | 0.011 |
| 2007 年 | 0.003 | 0.009 | 0.017 | 0.056 | 0.018 | 0.012 |
| 2008 年 | 0.003 | 0.006 | 0.017 | 0.109 | 0.012 | 0.010 |
| 2009 年 | 0.003 | 0.005 | 0.012 | 0.067 | 0.007 | 0.007 |
| 2010 年 | 0.006 | 0.007 | 0.010 | 0.015 | 0.011 | 0.013 |
| 2011 年 | 0.007 | | 0.019 | | | 0.021 |
| 2012 年 | 0.007 | | 0.012 | | | 0.021 |
| 2003～2012 年均值 | 0.005 | 0.008 | 0.024 | 0.038 | 0.015 | 0.014 |

整理长江三峡工程航道泥沙原型观测报告 2000～2010 年数据(表 3-6),宜昌—枝城河段床沙中值粒径为增加,2007 年后为大幅度的增加,荆江河段略有增加,表明三峡水库下游清水下泄引起的冲刷已影响到整个荆江河段。

三峡水库蓄水前后荆江河段床沙中值粒径变化统计表(单位:mm)　　表 3-6

| 河　段 | 2000 | 2001 | 2003 | 2004 | 2005 | 2006 | 2007 | 2008 | 2009 | 2010 |
|---|---|---|---|---|---|---|---|---|---|---|
| 宜昌—枝城 | | 0.398 | 0.638 | | | | 19.40 | 23.10 | 19.40 | 34.80 |
| 枝江河段 | 0.240 | 0.212 | 0.211 | 0.218 | 0.246 | 0.262 | 0.264 | 0.272 | 0.311 | 0.261 |
| 太平口水道 | 0.215 | 0.190 | 0.209 | 0.204 | 0.226 | 0.233 | 0.233 | 0.246 | 0.251 | 0.251 |
| 公安河段 | 0.206 | 0.202 | 0.220 | 0.204 | 0.223 | 0.225 | 0.231 | 0.214 | 0.237 | 0.245 |
| 石首河段 | 0.173 | 0.177 | 0.182 | 0.182 | 0.183 | 0.196 | 0.204 | 0.207 | 0.203 | 0.212 |
| 监利河段 | 0.166 | 0.159 | 0.165 | 0.174 | 0.181 | 0.181 | 0.194 | 0.209 | 0.202 | 0.201 |
| 荆江河段 | 0.200 | 0.188 | 0.197 | 0.196 | 0.212 | 0.219 | 0.225 | 0.230 | 0.241 | 0.227 |

4. 悬沙沿程恢复特征

首先统计宜昌、枝城、沙市、监利、螺山和汉口站蓄水前后的沙量变化(图 3-5),3 个时段的沙量均为减小趋势,三峡水库蓄水前沿程输沙量为降低趋势,三峡水库蓄水后的 2003～2012 年期间沿程上略有增加,这一差异充分三峡蓄水前宜昌至汉口河段为淤积趋势,蓄水后表现为冲刷趋势。

图 3-6 表明,宜昌—城陵矶河段河床质中 $d > 0.125$mm 粒径的泥沙大量存在,$d < 0.125$m 的沙量相对较少,城陵矶—汉口河段也表现为同样的规律。因此,长江中游河段含沙量 $d > 0.125$mm 沙量将会在一段距离内得到恢复,而 $d < 0.125$mm 沙量将会长距离沿程恢复,本文将这一过程恢复过程细化,充分揭示多粒径级下的沙量沿程恢复情况。

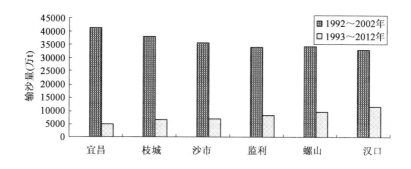

图 3-5 长江中游主要水文站输沙量沿程变化

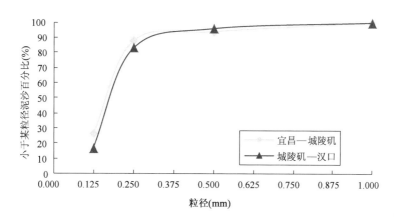

图 3-6 宜昌—汉口河段床沙级配特征

图 3-7 表明,$d < 0.125$mm 悬沙输运量在三峡水库蓄水前沿程先减少,监利站、螺山站和汉口站相差不大,蓄水后枝城由于清江入流的影响,枝城站输运量略大于宜昌站,沙市—汉口略有增加。在输运量上,三峡水库蓄水后,长江中游 $d < 0.125$mm 的输沙量沿程得到恢复,但仍小于蓄水前均值水平。从河床质组成来看,$d < 0.125$mm 泥沙在河床上较少,虽然这部分泥沙在悬沙中逐渐恢复,但由于河床补给量的不足,长江中游和 $d < 0.125$mm 泥沙补给不足是长河段冲刷的根本原因。$d > 0.125$mm 悬沙沙量宜昌站—监利站大幅减少,三峡水库蓄水前后比较,这一差异向下游逐渐减小,即宜昌—监利河段恢复较快,汉口站蓄水前后数值较为接近。在螺山—汉口区间扣除汉江支流的汇入影响,该河段 $d > 0.125$mm 的悬沙略有淤积。这一输沙现象充分说明,某一粒径级只要恢复饱和,起下游河段的输沙特性和规律与蓄水前将保持一致。

图 3-8 所示,三峡水库蓄水前、后相比较,$d < 0.125$mm 悬沙百分比宜昌站增加,区、其余均减小,$d > 0.125$mm 悬沙宜昌站减小,其余测站均增加,宜昌至监利河段 $d > 0.125$mm 的泥沙恢复较快,该组粒径泥沙输沙量比例明显增加趋势,但受洞庭湖和汉江汇流的影响,监利至汉口区间该粒径组泥沙的比例出现一定程度的下降。

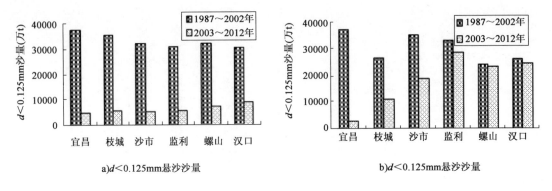

a)$d<0.125mm$悬沙沙量          b)$d<0.125mm$悬沙沙量

图3-7　长江中游主要水文站分组泥沙输运量变化

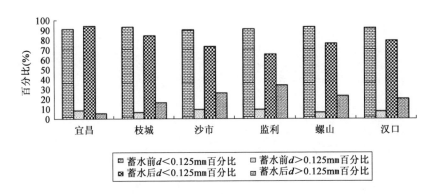

图3-8　三峡水库蓄水前后泥沙百分比变化

综上,$d<0.125mm$粒径沙量在长江中游沿程缓慢恢复且恢复程度远小于蓄水前,这是坝下游长距离冲刷的根本原因,而$d>0.125mm$粒径沙量在宜昌—监利河段恢复速率较快,且监利站附近该粒径含沙量恢复饱和,这也是造成冲刷重点集中在荆江河段。

### 3.1.2　长江中下游河槽冲刷过程

1.砂卵石及砂卵石~沙质过渡段河床形态调整过程

三峡水库蓄水后宜昌—宜都、宜都—枝城、枝城—陈二口、陈二口—昌门溪、昌门溪—杨家脑河段均为冲刷趋势(图3-9),其枯水河槽累积冲刷量分别为$-0.12$亿$m^3$、$-1.32$亿$m^3$、$-0.54$亿$m^3$、$-0.27$亿$m^3$和$-0.33$亿$m^3$。冲刷趋势上,宜昌—宜都和宜都—枝城河段为冲刷趋势减缓,枝城—陈二口、陈二口—昌门溪和枝江河段冲刷趋势加剧。冲淤河槽分配上,宜昌—枝城和枝江河段枯水河槽冲刷量占平滩河槽比例为91.3%和92.5%,即河床冲刷集中在枯水河槽。

将蓄水后划分为2003~2006年、2006~2009年、2009~2012年和2012~2014年4个时段(图3-10),单位河长冲刷强度的变化规律为:宜昌—虎牙滩、虎牙滩—枝城河段先增强后减弱,在2009年后宜昌—虎牙滩河段甚至出现小幅淤积;枝城—陈二口、昌门溪—大埠街河段先增强后减弱,陈二口—昌门溪河段先减弱后增强,大埠街—沵市河段在2009年后为增强趋势,沙市河段冲淤交替变化。单位河长冲刷强度沿程上变化规律为:2003~2006年、2006~2009

年期间最大值出现在虎牙滩—枝城河段,2009～2012 年期间在枝城—陈二口河段,2012～2014 年期间在大埠街—浣市河段,表明三峡水库 175m 蓄水后强冲刷区下移,初步判断下移约 80km。

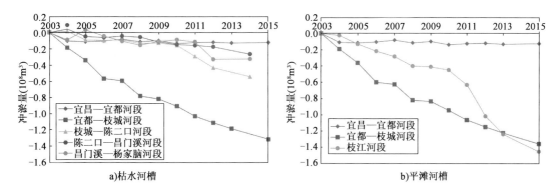

图 3-9 砂卵石及砂卵石—沙质过渡段河槽冲淤变化

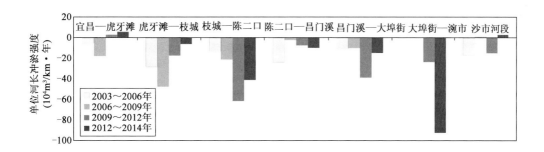

图 3-10 砂卵石及砂卵石—沙质河段过渡段单位河长冲淤强度变化

**2. 沙质河段单位河长河床形态调整变化过程**

三峡水库蓄水前(1981～2002 年)宜昌—湖口整体及代表河段枯水河槽均为冲刷趋势,宜昌—枝城及上荆江河段冲刷集中在枯水河槽,枯水—平滩河槽之间略有淤积;下荆江、城陵矶—汉口及汉口—湖口河段为淤积趋势,表现出"冲槽淤滩"的演变特点(图 3-11)。

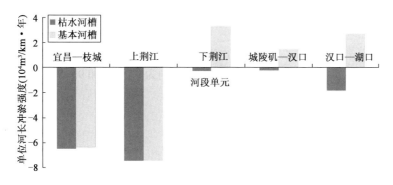

图 3-11 1981～2002 年期间宜昌—湖口单位河长冲淤强度变化

三峡水库蓄水后 2003 年和 2004 年汉口—湖口河段枯水河槽和基本河槽为淤积趋势,平滩河槽为冲刷趋势,2005 年后累积性冲刷趋势,上荆江、下荆江、城陵矶—汉口河段从 2003 年起为累积性冲刷趋势。2003 ～ 2014 年期间上荆江、下荆江、城陵矶—汉口、汉口—湖口河段累积冲淤量分别为 – 4.11 亿 m³、– 2.80 亿 m³、– 2.18 亿 m³、– 3.89 亿 m³。2003 ～ 2006 年、2006 ～ 2008 年及 2008 ～ 2014 年相比较,枯水河槽、基本河槽和平滩河槽单位河长冲刷强度变化规律(图 3-12):宜昌—枝城河段各河槽单位河长冲刷强度减弱;上荆江河段枯水河槽和基本河槽单位河长冲刷强度增强,平滩河槽为先减弱后增强;下荆江河段各河槽单位河长冲刷强度先减弱后增强;城陵矶—汉口河段枯水河槽和基本河槽单位河长冲刷强度增强趋势,平滩河槽先减弱后增强;汉口—湖口河段枯水河槽单位河长冲刷强度增强,基本河槽和平滩河槽先减弱后增强。单位河长冲刷强度沿程变化规律:2003 ～ 2006 年期间宜昌—枝城河段最大,下荆江河段次之,城陵矶—湖口河段最小;2006 ～ 2008 年期间最大区域在宜昌—枝城河段,上荆江河段次之,下荆江河段最小;2008 ～ 2014 年期间最大区域在上荆江河段,汉口—湖口河段次之。2008 ～ 2014 年期间单位河长冲刷强度最大区段已由 2003 ～ 2008 年期间的宜昌—枝城河段下移至上荆江河段,同时下荆江及以下河段冲刷强度明显增加,受三峡水库清水下泄的影响程度增强。

**3. 河床冲淤分配过程**

枯水河槽定义为深槽,枯水-基本河槽之间为低滩部分,基本-平滩河槽之间为高滩部分。表 3-7 统计了枯水河槽、低滩和高滩冲淤量占平滩河槽冲淤量的比例,分析表明:

(1)三峡水库蓄水前宜昌—枝城、上荆江河段枯水河槽冲刷,高、低滩小幅淤积;下荆江、城陵矶—湖口河段枯水河槽冲刷,高、低滩大幅淤积,表现出"冲槽淤滩"的演变特点。

**宜昌—湖口河段河槽冲淤比例变化** 表 3-7

| 时 间 段 | 河段名称 | 宜昌—枝城 | 上荆江 | 下荆江 | 城陵矶—汉口 | 汉口—湖口 |
|---|---|---|---|---|---|---|
| | 河长(km) | 60.8 | 171.7 | 175.5 | 251.0 | 295.4 |
| 三峡水库蓄水前<br>(1981 ～ 2002 年) | 枯水河槽(%) | 102.0 | 100.6 | 9.2 | 17.5 | 69.6 |
| | 低滩(%) | – 2.0 | – 0.6 | – 109.2 | – 117.5 | – 169.6 |
| | 高滩(%) | | | | | |
| 2003 ～ 2008 年<br>(2002 年 10 月 ～ 2008 年 10 月) | 枯水河槽(%) | 88.6 | 89.6 | 73.2 | 301.8 | 60.4 |
| | 低滩(%) | 1.7 | 2.2 | 11.6 | – 30.7 | 48.3 |
| | 高滩(%) | 9.6 | 8.2 | 15.2 | – 171.1 | – 8.7 |
| 2009 ～ 2014 年<br>(2008 年 10 月 ～ 2014 年 10 月) | 枯水河槽(%) | 96.4 | 93.7 | 91.6 | 94.5 | 115.0 |
| | 低滩(%) | 4.8 | 3.3 | 1.3 | 8.1 | – 11.4 |
| | 高滩(%) | – 1.1 | 3.0 | 7.1 | – 2.6 | – 3.6 |

注:表中正值表示冲刷比例,负值表示淤积比例。

(2)2003 ～ 2008 年期间宜昌—枝城、上荆江和下荆江河段枯水河槽、高、低滩均为冲刷趋势;城陵矶—汉口河段与三峡水库蓄水前一致,表现出"冲槽淤滩"的演变特点,且淤积集中在高滩;汉口—湖口河段为枯水河槽和低滩冲刷,高滩略有淤积。

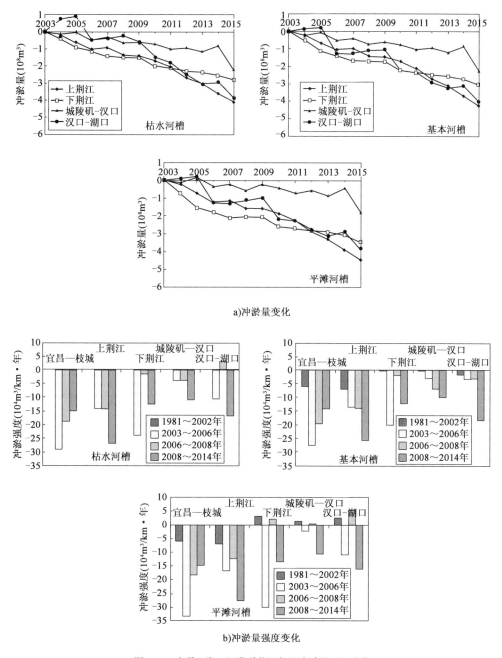

a)冲淤量变化

b)冲淤量强度变化

图3-12 宜昌—湖口河段单位河长河床冲淤过程变化

注:宜昌—城陵矶河段枯水河槽、基本河槽和平滩河槽对应的宜昌流量为5000m³/s、10000m³/s、30000m³/s;城陵矶—汉口河段各河槽对应的螺山流量为6500m³/s、12000m³/s、33000m³/s;汉口—湖口河段各河槽对应的汉口站流量为7000m³/s、14000m³/s、35000m³/s

(3)2009～2014年期间与2003～2008年相比,宜昌—枝城、上荆江和下荆江河段冲刷更集中在枯水河槽,滩地冲刷比例减小;城陵矶—汉口河段冲刷仍集中在枯水河槽,低滩由淤积转为冲刷,高滩淤积减缓;汉口—湖口河段冲刷集中在枯水河槽,低滩由冲刷转为淤积,高滩持续淤积,表现出"冲槽淤滩"的演变特点。

4.河床断面形态变化

不同时期河槽冲淤分布在断面上也有所体现(图3-13):宜昌—枝城河段断面(宜昌72号、枝城2号)调整集中在枯水河槽,主要以深槽冲刷变形为主,枯水位以上河床变形不大;荆江6号断面位于关洲心滩中部,右汊(主汊)冲淤变化不大,左汊(支汊)冲深最大达15m,关洲心滩左缘崩退约200m,表现出支汊冲刷下切,主汊冲淤调整不大的演变特点。沙质河段断面(荆江42号、荆江60号和CZ76)表现出冲深、展宽变化,或是两者并存的变化趋势,CZ76断面为戴家洲洲头断面,由于航道整治工程作用心滩淤积,同时深槽为冲刷趋势,枯水河槽趋于窄深化(图3-13)。

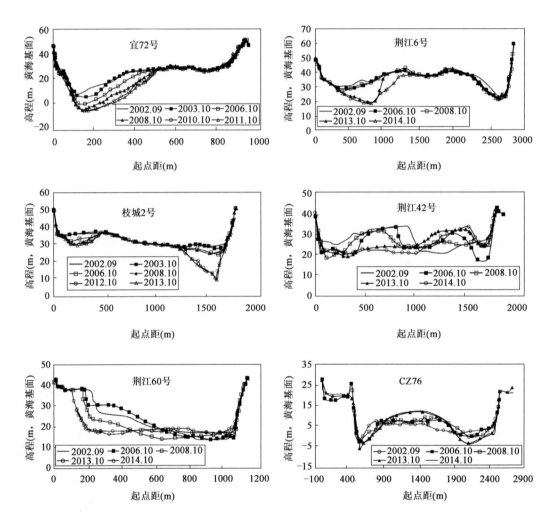

图3-13  砂卵石河段及砂卵石-砂质过渡段典型断面变化

整理2012年10月和2003年10月砂卵石、砂卵石-沙质过渡河段深泓与枯水河宽相对变化数据(图3-14),分析表明:砂卵石河段深泓整体为下切趋势,河宽在宜昌—枝城河段为减小趋势,枝城至芦家河河段为增大趋势,即宜昌—枝城河段枯水河槽断面冲刷特点为深蚀为主,断面向深蚀趋势发展,枝城至芦家河河段以深蚀为主,同时伴随侧蚀发生,断面向宽浅趋势发展。

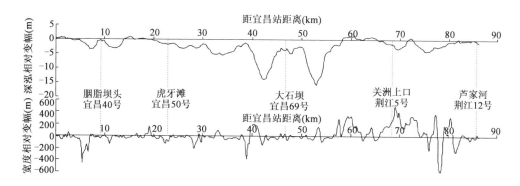

图3-14 宜昌—昌门溪河段深泓和河宽相对变幅(2003年10月~2012年10月)

沙质河段深泓变化为冲淤交替,整体为冲深趋势。三峡水库蓄水后沙质河段河床整体为冲刷趋势,坝下游航道水深为增加趋势,进一步说明河床调整过程中断面以冲深为主。沙质河段存在大量的边滩和心滩,形成河道的内外边界,三峡水库蓄水后坝下游边滩、心滩整体为冲刷趋势,其中部分滩体也出现淤涨趋势(表3-8),说明断面冲深过程中展宽、束窄均有发生,整体上展宽作用较为明显,在未护岸段甚至出现岸线崩退现象。

长江中游典型边心滩及江心洲面积变化表(单位:m²)　　　　表3-8

| 滩体名称 | 年份 | 面积 | 滩体名称 | 年份 | 面积 | 滩体名称 | 年份 | 面积 |
|---|---|---|---|---|---|---|---|---|
| 关洲 | 2002 | 4.86 | 芦家河35m | 2002 | 0.8 | 水陆洲 | 2003 | 0.386 |
| | 2008 | 4.49 | | 2008 | 0.77 | | 2006 | 0.235 |
| | 2011 | 4.09 | | 2011 | 0.48 | | 2009 | 0.151 |
| | 2013 | 3.72 | | 2013 | 0.3 | | 2013 | 0.138 |
| 柳条洲30m | 2002 | 2.65 | 三八滩30m | 2003 | 2.24 | 金城洲30m | 2002 | 4.32 |
| | 2006 | 2.75 | | 2006 | 1 | | 2006 | 3.31 |
| | 2011 | 2.18 | | 2011 | 0.23 | | 2008 | 2.35 |
| | 2013 | 1.65 | | 2013 | 0.17 | | 2011 | 1.46 |
| 南星洲30m | 2003 | 8.05 | 吴家渡边滩3m | 2007 | 0.486 | 倒口窑30m | 2002 | 3.14 |
| | 2006 | 6.9 | | 2010 | 0.102 | | 2006 | 3.94 |
| | 2008 | 7.2 | | 2011 | 0.112 | | 2010 | 2.75 |
| | 2011 | 7.8 | | 2012 | 0.142 | | 2012 | 2.96 |
| 乌龟洲4m | 2003 | 8.28 | 七号边滩0m | 2006 | 1.7 | 七号心滩0m | 2004 | 0.18 |
| | 2006 | 7.86 | | 2009 | 0.48 | | 2006 | 1.19 |
| | 2009 | 7.25 | | 2012 | 0.28 | | 2012 | 1.92 |
| | 2014 | 7.23 | | 2014 | 0.32 | | 2014 | 1.62 |

| 滩体名称 | 年份 | 面积 | 滩体名称 | 年份 | 面积 | 滩体名称 | 年份 | 面积 |
|---|---|---|---|---|---|---|---|---|
| 燕子窝 12m | 2004 | 4.82 | 天兴洲 15m | 2004 | 18.5 | 沙洲心滩 | 2008 | 5.26 |
| | 2006 | 4.42 | | 2008 | 18.3 | | 2010 | 4.94 |
| | 2008 | 4.19 | | 2010 | 18.5 | | 2011 | 4.87 |
| | 2011 | 3.07 | | 2014 | 18.6 | | 2014 | 6.44 |
| 戴家洲 15m | 2001 | 18.9 | 牯牛沙 0m | 2003 | 5.84 | 黄连洲 | 2007 | 0.26 |
| | 2006 | 16.8 | | 2007 | 5.74 | | 2010 | 0.21 |
| | 2011 | 19.2 | | 2010 | 5.24 | | 2012 | 0.54 |
| | 2014 | 21.93 | | 2014 | 4.9 | | 2014 | 0.24 |
| 徐家湾边滩 −2m | 2009 | 2.67 | 新洲 0m | 2006 | 9.33 | | | |
| | 2010 | 3.27 | | 2008 | 9.9 | | | |
| | 2011 | 3.6 | | 2010 | 10.25 | | | |
| | 2014 | 4.1 | | 2012 | 10.64 | | | |

**5. 水位变化与枯水河床冲淤关系**

以 2003 年、2008 年和 2014 年枯水期(宜昌站 $Q = 5600 \text{m}^3/\text{s}$)为代表时间(图 3-15),分析表明:2008～2014 年期间与 2003～2008 年水位减幅相比较,在宜昌—磨盘溪、陈二口—汉口河段之间水尺水位下降速度为增大趋势,云池—枝城河段水尺水位下降速度为减小趋势。在沿程上以枝城水尺作为分界,上、下游水位下降速度均为先增大后减小,表明枝城附近河段对上下游水位的维持起到卡口或节点控制作用。枝城以下水位下降速度有所增加,并有向上游传递趋势,应关注昌门溪以下河段因河床冲刷引起水位下降的溯源传递作用。

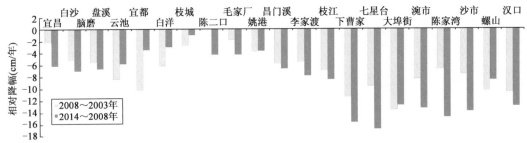

图 3-15　宜昌—汉口河段水位下降过程

绘制各代表河段冲淤强量与水尺水位下降的关系曲线(图 3-16),随着河床累积冲刷量增加枯水位为下降趋势,且两者表现出较好的相关性。宜昌—枝城、上荆江河段枯水水位随累积冲淤强度增强其水位下降速率有所减缓,下荆江、城陵矶—汉口、汉口—湖口河段为增加趋势,随着下荆江以下至湖口河段冲刷强度增强,同流量水位仍存在进一步下降的可能。

水库下游枯水位下降,洪水位降幅相对较小甚至有所抬升的特点已在国内外多条河流上得到证实。水位下降与河床下切两者是相互适应和矛盾的,当水位下降至和河床下切值相等,表明航道水深未发生变化,当大于时则为航道水深减小,小于时则为航道水深增加。航道基准面水位的计算是利用皮埃尔 III 型曲线进行核定,选取 $p = 98\%$ 的水位作为航行基准面计算值。不同河流在修建水库后,坝下游水位下降速度不一致,河床下切因流量、沙量及河床组成等差异,下切数值差异较大。2014 年 10 月长江宜昌—湖口段的深泓线与蓄水前 2002 年 10 月(部分区域采用 2001 年 10 月资料)相比较,在坝下游 410km 河段内深泓为整体下切趋势,其下游表现为冲淤交替的变化(图 3-17)。2003~2014 年航行基准面水位与 1981~2002 年进行比较,在近坝的 240km 内为下降趋势,其下游为增加趋势。其中深泓下切集中在宜昌—枝城、上荆江和下荆江河段,水位下降趋势主要在宜昌—枝城和上荆江河段,在未来一段时间内,应重点防控下荆江深泓下切引起的水位下降带来的航道问题。

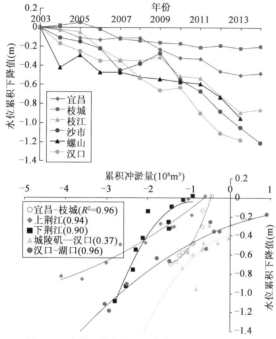

图 3-16　宜昌—沙市河段河床冲淤量与枯水位关系

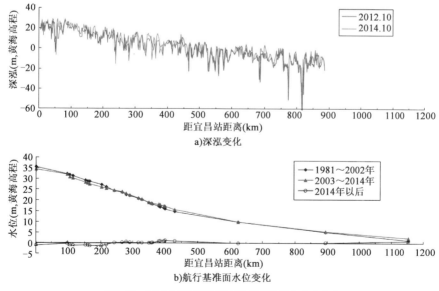

a)深泓变化

b)航行基准面水位变化

图 3-17　三峡大坝下游深泓与航行基准面水位的变化

### 3.1.3 弯曲河段总体演变特点及规律

历史上在自然状态下，荆江弯曲河段蜿蜒型发展规律十分明显，表现出凹岸冲刷后退，河道展宽引起凸岸主流的摆动，凸岸随之淤长，即凹冲凸淤，当弯道发展到一定程度，裁弯现象随之发生。

经过几十年的堤防建设，三峡水库蓄水以前，弯道凹岸处于顶冲的部位基本已得到守护，弯道段的河势基本稳定，这其中的水沙运动机理是：凸岸边滩总在洪水顶冲点上游，在顶冲点壅水作用的辅助下，汛期水流虽然漫滩，但含沙量较高的水流不易对边滩造成冲刷，而且在退水的过程中，漫滩流速减缓，滩面还会有所淤还。由于在汛期凸岸边滩能够保持稳定，在退水后就能有效促进水流坐弯冲刷凹岸深槽，从而维持整个滩槽格局的稳定，只有当大水年，水量大，洪水持续时间长，弯道才会表现出切滩撇弯的逆向变化，如莱家铺弯道1998年汛后即有明显的凸冲凹淤的现象。

三峡工程蓄水运行后，受水沙条件变化的影响，近几年来，弯道段基本上表现出凸岸边滩冲刷，凹岸深槽淤积(图3-18、图3-19)，如碾子湾水道，莱家铺水道等，有些水道如调关水道、反嘴水道凹岸侧甚至已淤出心滩。而在河宽较大的急弯段，如尺八口水道，由于凸岸边滩根部原本存在窜沟，蓄水以来窜沟发展十分迅速，切割凸岸边滩成为心滩，滩槽格局则更加明显恶化。

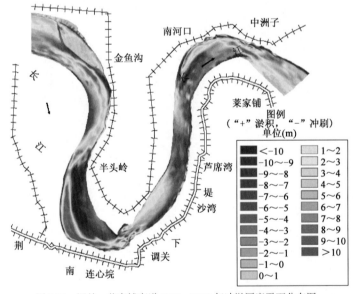

图3-18　调关—莱家铺弯道2002～2013年冲淤厚度平面分布图

这一现象之所以出现是因为来沙量减少后，弯道段滩槽维持稳定的条件已不存在，中洪水期主流漫滩后，由于水流挟沙不饱和，滩面必然受到冲刷，而且退水过程中难以淤还，受此影响，中枯水流路也逐渐向凸岸侧摆动，凹岸逐渐淤积，从而形成或快或慢的切滩撇弯趋势。

这些弯道的变化一方面对自身航道条件产生不利影响，如急弯段出现多槽争流态势，另一方面对上下游航道条件也产生不利影响，如莱家铺弯道凸岸的冲刷变化将加剧下游放宽段的淤积，碾子湾凸岸的冲刷造成主流下挫，威胁已有整治建筑物安全，尺八口弯道的变化一定程度上将加剧上游河段过渡段浅区交错的态势。另外，个别弯道如窑监河段，由于凹岸未得到有效控制，仍表现为凹冲凸淤的规律。

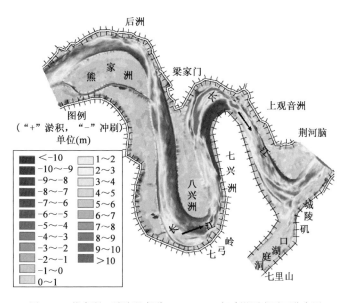

图 3-19 熊家洲~城陵矶弯道 2002~2013 年冲淤厚度平面分布图

### 3.1.4 分汊河段总体演变特点及规律

长江中下游存在大量分汊河段,以主航道所在的汊道定义为主汊,其余的汊道定义为支汊。在断面上,在未实施控制工程的支汊出现了冲刷发展趋势,在分流比上也是相互对应的。在未实施控制工程的分汊河段,主汊的分流比为减少趋势,支汊则相应的增加。实施控制工程的分汊河段,在蓄水初期至工程竣工前,主汊分流比为减少趋势,工程实施后随着工程效果的发挥主汊分流比增加,支汊分流比减少,有些河段如藕池口水道(倒口窑)、南星洲汊道等支汊基本不过流,主汊分流比达到了 100%。支汊分流比的增加,不利于主汊的稳定维持,甚至出现了主支汊易位的现象,如太平口水道、沙市水道和东流水道等,也有通过工程措施后,支汊转为主汊,并逐渐稳定下来,如戴家洲水道。在河槽冲淤上,分汊河段的进口为上游河段进入分汊前的展宽段,水流较为分散,当主汊分流比减少时,在主汊的进口水流分散段会出现过渡性的淤积;同时主汊内的水流动力减弱,汊道内遵循单一河道的演变,冲刷动力不足,也会形成碍航的浅区;在出口汇流段,由于两汊道分流格局变化,水流动力轴线出现偏转,水流的集中程度减弱,不但影响汇流口区域的航道条件,也不能为下游河段提供稳定的入流条件,使得上下游河段出现联动变化,不利于长河段航道条件的稳定。

## 3.2 弯曲-分汊组合河段联动演变过程及机理研究

分析长江中下游上游河势变化对下游河道的影响,可以发现河势调整会向下游传递,而在某些弯曲河段处则阻隔了河势变化向下游传递,这种具有阻隔性的河段,对长江中下游河道演变与整治具有十分重要的意义。采用阻隔性概念表达上、下游河段河势关联性强弱,三峡水库蓄水后弯道段凸岸边滩冲刷,导致弯曲-分汊组合河段中的弯曲连接段阻隔强度普遍减弱,影响下游分汊河段入流条件的稳定,河段间的联动程度较蓄水前有所增加,在航道整治中需高度关注,对上下游河段进行联动治理。

### 3.2.1 弯曲河段阻隔性特征

如图 3-20 所示,龙口河段上接陆溪口河段,下连嘉鱼河段。根据历年实测资料的分析,陆溪口河段年际变化表现为"洲头低滩切割、新中港产生→新中港发展下移→新、老中港合并→中港继续弯曲下移→新中港再次产生与发展"的周期性演变规律,自 20 世纪 30 年代以来经历了 5 个演变周期:1935～1958 年、1959～1970 年、1971～1982 年、1983～2005 年、2006 年至今,1973、1984、2006 年为各周期起始年,伴随乌龟洲头切割,主流摆至新中港。嘉鱼河段年际间也呈周期性变化,每个周期表现为汪家洲边滩淤积、切割、下移与复兴洲合并,左汊由单槽演变为双槽再转变为单槽。自 20 世纪初有资料以来,该河段经历了两个演变周期:1933～1980 年、1980 年至今。1984、1995、2006 年为第二周期内典型年份,主流分别位于右槽、双槽、中槽。对比嘉鱼河段和陆溪口河段年际演变规律可以看出,尽管两者均呈周期性变化,但是两者演变周期个数不同,20 世纪 30 年代以来,陆溪口河段经历了 5 个演变周期,而嘉鱼河段仅有 2 个演变周期,可见龙口河段阻隔了陆溪口河段河势调整传递至嘉鱼河段。此外,从图 3-20 可以看出,无论陆溪口处于演变周期哪一阶段,其下游龙口河段河势基本不变,这也表明了陆溪口河段河势调整没有向下游传递,龙口河段起到阻隔作用。

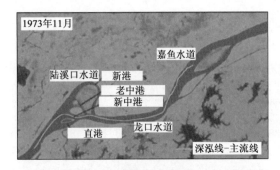
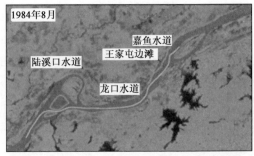
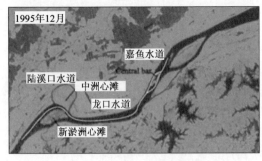
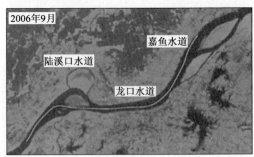

图 3-20　陆溪口—嘉鱼河段河势演变图

如图 3-21 所示,河口弯道以下依次连接调关弯道、莱家铺弯道、塔市驿弯道、监利分汊段。河口及莱家铺弯道分别由 1972 年沙滩子自然裁弯及 1967 年中洲子人工裁弯形成。沙滩子裁弯后,引河出口以下河槽由向西凸演变成向东凸,调关以上相当长的河段岸线剧烈崩退,但这种现象并没有引起调关以下河段的变形。中洲子裁弯后，引河出口以下河段岸线迅速崩退，至1972年河槽右移1.5km，但其下游塔市驿弯道并没有明显变形。监利分汉段年际间表现为"右汉新生并发展→深泓左移、流路弯曲增长→右汉衰亡→新右汉再生"的周期性演变规律，自20世纪30年代以来经历了3个演变周期：1931～1970年、1971～1989年、1989年至今，这主要是乌龟洲洲头易冲刷切割、监利左汉岸线易崩退等自身条件的影响，只要河道周界条件不变，这种主支汉周期性易位的演变规律继续发生。而上游裁弯仅发生于20世纪和70年代，1980年以后河口—塔市驿河段河势基本稳定。可见监利河段演变周期与上游裁弯时间并不同步，塔市驿河段阻止了上游河势变化传递至监利河段。此外，在下荆江裁弯时期，调关和塔市驿弯道形态始终保持稳定，说明上游裁弯引起的河势调整没有向下游传递，表明这两个河段起到阻隔作用。

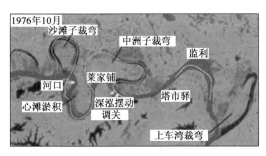
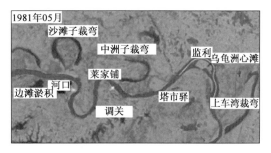
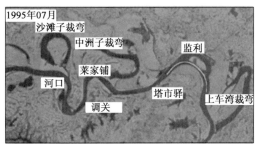
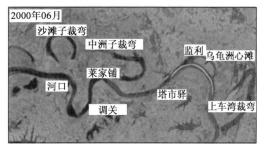

图3-21　河口—监利河段河势演变图

如图3-22所示，黄石河段上接戴家洲分汉段，下连牛牛沙河段。戴家洲分汉段多年来呈左、右汉交替易位的演变规律：1958～1965年为圆、直港相持阶段；1966～2001年直港为主汉；2002年至今圆、直港再次进入相持阶段，圆港为枯水期主航道。同期黄石河段河势稳定少变，主槽始终贴黄石河段右岸下行，经西塞山挑流后，进入牛牛沙河段。自1970年后，牛牛沙边滩不断冲刷后退，滩体面积不断萎缩，甚至被切割为江心滩，牛牛沙河段主槽逐渐从左岸摆至江心。对比戴家洲河段和牛牛沙河段的演变规律可以看出，戴家洲河段呈主槽往复交替的演变趋势，而牛牛沙河段则呈主槽单一右移趋势，上、下游河段的演变时间并不同步，黄石河段阻止了戴家洲河势调整传递至牛牛沙河段。此外，长期来看黄石河段河道形态始终保持稳定，也表明上游河势调整没有向下游传递，黄石河段起到了阻隔作用。

从上述分析可以看出，若上、下游河段演变周期不对应，或者上游河势调整后下游河势依然保持稳定，则中间的单线程河段起到阻隔河势传递的作用。上游河势发生调整后，主流平面位置发生变化，主流所在部位流速大、挟沙能力强，往往发生冲刷，使主槽或深泓的平面位置随之变化,边滩、江心洲(滩)等成型淤积体相应发生趋势性冲淤,滩槽冲淤幅度与主流在该区域的流量持续时间密切相关。三峡水库蓄水以来,明显改变了径流的年内分配过程,具体表现为洪水流量减小,枯水流量增加,次饱和水流作用于凸岸边滩的时间增加,凸岸边滩冲刷加剧,不利于滩槽格局的稳定,使得上下游河势的阻隔特征变弱,联动演变过程变强。

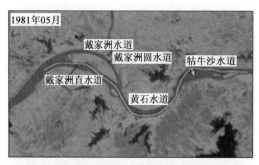
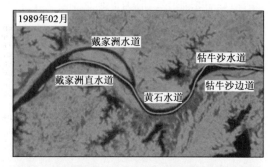
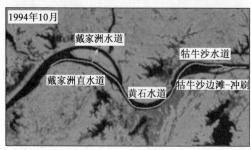
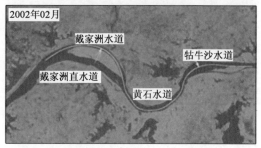

图 3-22 戴家洲—牯牛沙河段河势演变图

### 3.2.2 弯曲河段水流动力轴线弯曲半径理论求解

水流是河道演变的主要动力因子。主流线平面位置的变化实质上是水流动力轴线弯曲半径的变化,对主流平面位置的归顺作用体现在限制水流动力轴线弯曲半径的变化幅度上。因此研究水流动力轴线弯曲半径的影响因素,明确影响主流摆动的特征因子,对剖析关联河段的作用机理至关重要。从三维水流运动方程 Navier – Stokes 方程出发,推导水流动力轴线弯曲半径表达式:

$$\frac{\partial u_i}{\partial t} + u_j \frac{\partial u_i}{\partial x_j} = -\frac{1}{\rho} \frac{\partial p}{\partial x_i} + \frac{1}{\rho} \frac{\partial}{\partial x_j}\left(\mu \frac{\partial u_i}{\partial x_j}\right) - \frac{\partial}{\partial x_j}(\overline{u'_i u'_j}) \tag{3-1}$$

平面二维水流运动的控制方程是由沿水深积分后平均而得到,忽略紊动扩散项及非恒定项,底部床面阻力项采用通常采用 $\frac{g n^2}{h^{1/3}} u \sqrt{u^2 + v^2}$ 表示,并采用极坐标表示河湾二维恒定流运动方程:

$$\frac{u}{R} \frac{\partial u}{\partial \varphi} + v \frac{\partial u}{\partial R} + \frac{uv}{R} = -\frac{1}{\rho R} \frac{\partial p}{\partial \varphi} + g J_\varphi - \frac{g n^2}{h^{4/3}} u \sqrt{u^2 + v^2} \tag{3-2}$$

式中,$\varphi$、$R$ 分别为河湾的弯曲度(以弧度表示)和垂线所在位置的弯曲半径,$u$、$v$ 分别为 $\varphi$、$R$ 处的垂线平均流速,$J_\varphi$ 为河道纵向比降,$h$ 为垂线水深,$p$ 为动水压强,$g$ 为重力加速度,

$\rho$ 为水体的密度。将曼宁公式和谢才系数 $C$ 带入底部床面阻力项之中,得到:

$$\frac{g\,n^2}{h^{4/3}}u\,\sqrt{u^2+v^2} = \frac{g\,u^2}{h\,C^2} \tag{3-3}$$

考虑到沿河道弯曲半径方向的横向流速远小于纵向流速,忽略带有 $v$ 的项,同时动水压强是由沿岸壁作用的切应力产生,因此 $p$ 可表示为岸壁切应力 $\tau$(单位为 $N^2/m$)沿水深方向的积分形式, $p = -\int_{z=0}^{z=\zeta}\tau dz = -\tau h$ ,则河湾二维恒定流方程可转化为:

$$\frac{1}{2Rg}\frac{\partial u^2}{\partial\varphi} = \frac{1}{\rho gR}\frac{\partial(\tau h)}{\partial\varphi} + J_\varphi - \frac{u^2}{h\,C^2} \tag{3-4}$$

许炯心(1997)曾根据 I. S. Dunn 的 16 组试验资料建立了,河床临界冲刷切应力 $\tau_c$ 与床面泥沙中的粉砂黏土含量 $M(\%)$ 的关系式, $\tau_c = 0.254\,M^{0.99}$ ,两者基本呈正比。而 E. W. Lane 发现,河岸水流最大切应力接近于河床切应力的 0.76 倍,因此将岸壁水流切应力表示为:

$$\tau = 0.76\,\tau_c = 0.193\,M^{0.99} \tag{3-5}$$

尹学良根据永定河及水槽试验资料,总结出河床糙率与粗化层的下限粒径 $d$ 有较好的关系,约为下式:

$$n = d^{1/6}/21 = 0.048\,d^{1/6} \tag{3-6}$$

考虑到谢才系数 $C = \frac{1}{n}h^{1/6}$ ,因此 $C = 21\left(\dfrac{h}{d}\right)^{1/6}$ ,将上述成果带入河湾二维恒定流方程中,得到:

$$\frac{1}{2Rg}\frac{\partial u^2}{\partial\varphi} = \frac{1}{\rho gR}\frac{\partial(0.193\,M^{0.99}h)}{\partial\varphi} + J_\varphi - \frac{u^2\,d^{1/3}}{441\,h^{5/3}} \tag{3-7}$$

上式按一阶常微分方程求解得到 $u^2$ ,假设弯道中一定流程内各水力要素沿程变化不大,方程的边值条件为:由于弯道进口段垂线平均流速近似为 $U = \dfrac{Q}{Rh\ln\dfrac{R_2}{R_1}}$ (罗佐夫斯基,1956),

考虑多数情况下河宽 $B$ 小于 $R_*$ ,因此 $\ln\dfrac{R_2}{R_1} = \dfrac{B}{R_*}$ , $u = \dfrac{R_*\,Q}{RBh}\bigg|_{\varphi=0}$ ,式(3-7)可化为:

$$u = \sqrt{N + \left[\left(\frac{R_*\,Q}{RBh}\right)^2 - N\right]\exp - \frac{2gR\varphi\,d^{1/3}}{441\,h^{5/3}}} \tag{3-8}$$

上式中 $N = \dfrac{441J\,h^{5/3}}{d^{1/3}} + \dfrac{0.386\,M^{0.99}h}{\rho}$ ,考虑到断面中水流动力轴线所在处的流速、河道纵比降、水深最大, $\dfrac{\partial u}{\partial R} = 0$ , $\dfrac{\partial J}{\partial R}\bigg|_{R=R_0} = 0$ , $\dfrac{\partial h}{\partial R}\bigg|_{R=R_0} = 0$ ,并引入河相系数公式 $\zeta = \sqrt{B}/h$ ,则 $Bh = \zeta^2 h^3$ ,将式(3-8)对 $R$ 求导,从而得到直接描述水流动力轴线弯曲半径变化规律的数学表达式:

$$\left(\frac{R_*\,Q}{\zeta^2 h_0^3}\right)^2\frac{1}{R_0^3} + \left(\frac{R_*\,Q}{\zeta^2 h_0^3}\right)^2\frac{1}{R_0^2}\frac{g\varphi\,d^{1/3}}{441\,h_0^{5/3}} - \frac{M'g\varphi\,d^{1/3}}{\rho\,h_0^{2/3}} - g J_0\varphi = 0 \tag{3-9}$$

式中 $M' = 0.0009\,M^{0.99}$ ,最后可求解出化简后的最大垂线平均流速处的 $R_0$ ,即为水流动

力轴线弯曲半径 $R_0$ 的理论表达式：

$$R_0 = \left[ \frac{R_*^2 \, Q^2 \rho}{\varphi \, \zeta^4 g \, h^{16/3} (\rho J \, h^{2/3} + M' d^{1/3})} \right]^{1/3} \qquad (3\text{-}10)$$

### 3.2.3 弯曲-分汊河段联动性强弱的控制因素分析

统计长江中下游的弯曲河段发现,在式(3-10)中水流动力轴线弯曲半径 $R_0$ 的各影响参数的变化范围如下:流量在 $4000 \sim 90000 \mathrm{m}^3/\mathrm{s}$ 之间,河湾曲率半径约在 $2000 \sim 16000 \mathrm{m}$ 之间,河湾的弯曲度在 $0.7 \sim 2.8$ 之间,河相系数在 $2 \sim 8$ 之间,纵比降在 $0.1\text{‰} \sim 0.65\text{‰}$ 之间,粗化层的下限粒径在 $0.00005 \sim 0.1 \mathrm{m}$ 之间,河岸粉砂黏土含量 3% ~ 33% 在之间。令任一参数在上述范围内相对变化,其他参数保持该范围的平均值不变,可分析水流动力轴线弯曲半径 $R_0$ 对各参数取值的敏感性。

如图 3-23 所示,$R_0$ 与 $Q$、$R_*$ 的相对值成正比,与 $\varphi$、$\zeta$、$J$、$M$、$d$ 的相对值成反比,且相关关系曲线斜率的绝对值呈 " $Q > \zeta > R_* > \varphi > J > d > M$ " 的变化规律。可见,$R_0$ 随 $Q$ 变化最为明显,斜率最大,部分学者认为年际间 $Q$ 的周期性变化,是引起主流摆动的根本因素。所谓阻隔性河段,正是通过河道自身具有的平面形态、纵横断面、地质等一系列属性,弱化上游河势变化或流量周期性变异引起的水流动力轴线的大幅度摆动,使本河段水流动力轴线位置变化较小或基本不变。为了进一步分析各参数对 $R_0$ 的影响规律,将式(3-10)中的 $R_0$ 对各参数取偏微分见表 3-9。

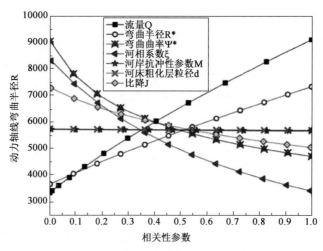

图 3-23　各参数对水流动力轴线弯曲半径的影响

水流动力轴线弯曲半径对各参数取偏微分　　　　　　　　表 3-9

| 项目 | $\dfrac{\partial R_0}{\partial Q}$ | $\dfrac{\partial R_0}{\partial R_*}$ | $\dfrac{\partial R_0}{\partial \varphi}$ | $\dfrac{\partial R_0}{\partial \zeta}$ | $\dfrac{\partial R_0}{\partial J}$ | $\dfrac{\partial R_0}{\partial M}$ | $\dfrac{\partial R_0}{\partial d}$ |
|---|---|---|---|---|---|---|---|
| 结果 | $\dfrac{2\,Q R_*^2 \rho}{LU}$ | $\dfrac{2\,Q^2 R_* \rho}{LU}$ | $\dfrac{-\,Q^2 R_*^2 \rho}{LU}$ | $\dfrac{-4\,Q^2 R_*^2 \rho}{LU\zeta}$ | $\dfrac{-\,Q^2 R_*^2 \rho^2}{LU(M\,d^{1/3}\,h^{-2/3} + J\rho)}$ | $\dfrac{-\,Q^2 R_*^2 \rho\,d^{1/3}}{LU(M\,d^{1/3} + J\rho\,h^{2/3})}$ | $\dfrac{-\,M\,Q^2 R_*^2 \rho}{3LU(M\,d^{1/3} + J\rho\,h^{2/3})}$ |

其中，$U = \left[ \dfrac{R_*^2 \; Q^2 \rho}{\varphi \, M^4 g \, h^{16/3} (M \, d^{1/3} + J\rho \, h^{2/3})} \right]^{2/3}$，$L = 3\varphi \, \zeta^2 g \, h^{16/3} (M \, d^{1/3} + J\rho \, h^{2/3})$。

### 3.2.4　长江中下游关联性河段统计分析

统计33个单一河段作为研究对象，分析其平面形态及节点分布特征。根据 DigitalEleva-tionModel 按500m间距提取这些河段的断面地形数据，计算并收集各个断面在不同流量(水位)下的河相系数、河道纵比降、凹岸土体粉粒黏土含量、河床粗化层下限粒径等特征指标。各河段的特征指标取该河段内所有断面指标的平均值，河道纵比降取平均最大高程差(河段上半段平均深泓高程减去下半段平均深泓高程)与河段长度之商。如表3-10所示，通过归纳的相邻河段上、下游之间河势传递或阻隔特征以及主流长期变化规律，统计发现，大多数河段河势变化阻隔性较弱或不具有阻隔性，具有较强的关联性。

长江中下游单一河段特征表　　　　　　　　　　表3-10

| 位　置 | 序号 | 河段名称 | 河段长度(km) | 距宜昌里程(km) | 河道形态 | 是否有挑流节点 | 平均河相系 | 河段纵比降(‰) | 是否有阻隔性 |
|---|---|---|---|---|---|---|---|---|---|
| 荆江河段 | 1 | 斗湖堤 | 9.9 | 175 | 单一微弯 | 无 | 2.55 | 2.539 | 是 |
| | 2 | 石首 | 8 | 234 | 单一弯曲 | 中间有 | 2.36 | 3.273 | 否 |
| | 3 | 碾子湾 | 15 | 242 | 单一微弯 | 无 | 4.76 | 1.790 | 否 |
| | 4 | 河口 | 7 | 257 | 单一微弯 | 无 | 3.12 | 2.911 | 否 |
| | 5 | 调关 | 13 | 264 | 单一弯曲 | 无 | 2.61 | 2.684 | 是 |
| | 6 | 莱家铺 | 12 | 277 | 单一微弯 | 无 | 2.81 | 2.359 | 否 |
| | 7 | 塔市驿 | 14 | 289 | 单一微弯 | 无 | 2.98 | 1.609 | 是 |
| | 8 | 大马洲 | 10.5 | 330 | 单一微弯 | 进口有 | 8.41 | 1.289 | 否 |
| | 9 | 砖桥 | 9 | 338 | 单一微弯 | 无 | 3.47 | 3.079 | 是 |
| | 10 | 铁铺 | 12 | 347 | 单一顺直 | 无 | 4.31 | 0.574 | 否 |
| | 11 | 反咀 | 6.5 | 356 | 单一弯曲 | 无 | 3.11 | 5.039 | 是 |
| | 12 | 七弓岭 | 7.8 | 380 | 单一微弯 | 无 | 2.99 | 0.431 | 否 |
| 城陵矶至武汉河段 | 13 | 螺山 | 11 | 419 | 单一顺直 | 进口有 | 5.29 | 0.357 | 否 |
| | 14 | 石头关 | 9 | 456 | 单一微弯 | 出口有 | 5.85 | 0.803 | 否 |
| | 15 | 龙口 | 9.6 | 483 | 单一微弯 | 出口有 | 2.42 | 4.048 | 是 |
| | 16 | 汉金关 | 10.9 | 519 | 单一弯曲 | 无 | 3.25 | 4.423 | 是 |
| | 17 | 簰洲湾 | 15 | 542 | 单一弯曲 | 无 | 2.14 | 0.739 | 否 |
| | 18 | 沌口 | 12 | 610 | 单一顺直 | 中间有 | 8.33 | 1.586 | 否 |
| | 19 | 武桥 | 7 | 628 | 单一顺直 | 出口有 | 4.47 | 1.271 | 否 |
| 武汉至九江河段 | 20 | 阳逻 | 15 | 658 | 单一微弯 | 进口有 | 3.46 | 1.567 | 否 |
| | 21 | 湖广 | 10 | 679 | 单一微弯 | 进口有 | 1.30 | 4.823 | 否 |
| | 22 | 巴河 | 9.4 | 723 | 单一顺直 | 进口有 | 4.52 | 2.710 | 否 |

| 位　　置 | 序号 | 河段名称 | 河段长度（km） | 距宜昌里程（km） | 河道形态 | 是否有挑流节点 | 平均河相系 | 河段纵比降（‰） | 是否有阻隔性 |
|---|---|---|---|---|---|---|---|---|---|
| 武汉至九江河段 | 23 | 黄石 | 20 | 753 | 单一弯曲 | 出口有 | 2.70 | 4.496 | 是 |
| | 24 | 搁排矶 | 14 | 802 | 单一微弯 | 两岸有 | 0.79 | 8.229 | 是 |
| | 25 | 武穴 | 13.5 | 830 | 单一微弯 | 进口有 | 4.87 | 1.255 | 否 |
| | 26 | 九江 | 22 | 853 | 单一微弯 | 无 | 3.17 | 0.510 | 否 |
| 九江至大通河段 | 27 | 上下三号—马垱 | 6 | 938 | 单一微弯 | 出口有 | 2.05 | 2.505 | 是 |
| | 28 | 马垱—东流 | 8 | 972 | 单一微弯 | 中间有 | 2.96 | 0.982 | 否 |
| | 29 | 东流—官洲 | 7.4 | 995 | 单一微弯 | 出口有 | 3.47 | 2.854 | 是 |
| | 30 | 官洲—安庆 | 13 | 1023 | 单一微弯 | 中间有 | 2.71 | 1.830 | 否 |
| | 31 | 安庆—太子矶 | 8.4 | 1054 | 单一微弯 | 出口有 | 1.71 | 2.100 | 是 |
| | 32 | 太子矶—贵池 | 10.5 | 1078 | 单一微弯 | 无 | 2.76 | 1.457 | 否 |
| | 33 | 大通 | 15.2 | 1101 | 单一顺直 | 无 | 3.29 | 0.735 | 否 |

### 3.2.5 弯曲-分汊河段关联性强弱机理及关键指标

多线程河道的河宽相对较大，主流在各汊道之间交替易位，主流摆动空间大，不具有阻隔性。根据表3-10的统计结果，长江中下游33个单一河段中的6个顺直河段，如铁铺、螺山、沌口、武桥、巴河、大通河段均不具有阻隔性，均具有较强的关联性，而具有阻隔性的河段均具有单一微弯的平面形态。图3-24a)点绘了不同河湾曲率半径 $R_*$ 时，$\partial R_0 / \partial R_*$ 与 $Q$ 的关系曲线。从图中可以看出，顺直河段的 $\partial R_0 / \partial R_*$ 均大于微弯河段，且存在明显分界线，说明随着河湾曲率半径增加，同流量变幅下 $R_0$ 的变化幅度增大；也只有当 $R_*$ 较小时，才表现出一定的阻隔性特征，如调关、砖桥、反咀、汉金关等河段，可见单一微弯的平面形态是阻隔性河段的基本特征之一。从式(3-10)可见，$R_0$ 与 $R_*$ 的 0.67 次方呈正比，也表明河湾曲率半径 $R_*$ 对水流动力轴线弯曲半径 $R_0$ 的归顺作用。

表3-10分析表明：6个顺直河段不同流量级下的平均河相系数均大于4，不具有阻隔性；在微弯单一河段中，碾子湾、大马洲、石头关、武穴等4个河段的平均河相系数大于4，也不具有阻隔性；相反具有阻隔性的河段，如斗湖堤、龙口、黄石、搁排矶河段等平均河相系数均不超过4。图3-24b)点绘了不同河相系数的条件下，$\partial R_0 / \partial \zeta$ 与 $\zeta$ 的关系曲线，平均河相系数大于4的河段的 $\partial R_0 / \partial \zeta$ 明显小于河相系数小于4的河段，且存在明显分界线。由于两种河段的 $\partial R_0 / \partial \zeta$ 值域相似，不同流量下河相系数范围较大的河段，则水流动力轴线弯曲半径 $R_0$ 的变化幅度也较大；河相系数范围较小的河段，$R_0$ 的变化幅度也较小。因此，平均河相系数大于4的河段，阻隔性特征不明显，上下游关联性较强。

表3-10的统计结果表明，长江中下游单一河段中除顺直河段、河相系数大于4、有节点存在的河段外，剩余18个河段中，只有七公岭、簰洲湾、九江河段的河道纵比降小于1.2‰。由于弯道内部河道纵比降沿程增大而水流动力轴线弯曲半径沿程减小，根据表1的计算成果，$\partial R_0 / \partial J$ 为负值。据统计，阻隔性河段平均比降 $J$ 为 3.35‰，$\partial R_0 / \partial J$ 的平均值为 $-5.88 \times 10^7$，

非阻隔性河段平均比降 $J$ 为 $1.59‰$, $\partial R_0/\partial J$ 的平均值为 $-1.43\times10^8$。这表明,非阻隔性河段河道纵比降较小,水流冲刷动力往往不足,相应横断面往往较为宽浅,不利于水流动力轴线保持稳定, $\partial R_0/\partial J$ 的绝对值较大;阻隔性河段河道纵比降大,水流冲刷动力强,相应断面较为窄深,有利于水流动力轴线保持稳定, $\partial R_0/\partial J$ 的绝对值较小。

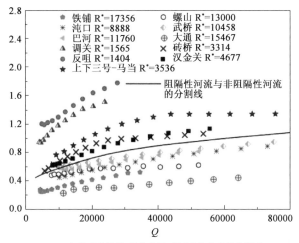

a)水流动力轴线弯曲半径对河湾曲率半径偏微分

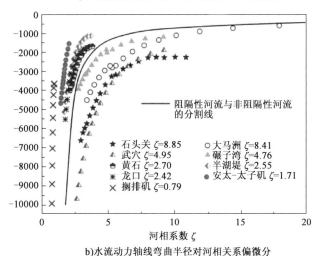

b)水流动力轴线弯曲半径对河相关系偏微分

图3-24　平面曲率半径、断面河相系数对水流动力轴线弯曲半径的影响

综上,阻隔性河段具有单一微弯的平面形态、河相系数小于4、中上段无挑流节点、河道纵比降大于 $1.2‰$ 等特征。以上研究也发现,流量变异是水流动力轴线摆动的根本因素,来流不断变化,水流动力轴线势必随之摆动,阻隔性河段的意义在于,即便上游河势发生调整,本河段不同流量级下的主流线仍维持原位置不变,水流动力轴线弯曲半径随流量的变化幅度较小, $\partial R_0/\partial Q$ 始终小于某一值,从而减小主流摆动幅度、稳定主流的平面位置。

对于阻隔性河段而言,需满足上述4个特征,控制程度上呈现逐层递进的关系。图3-25点绘了各特征参数变化的条件下, $\partial R_0/\partial Q$ 随 $Q$ 变化的曲线。从图3-25a)可以看出,铁铺等顺

直河段的 $\partial R_0/\partial Q$ 均大于微弯河段,说明随着河湾曲率半径的增加,同流量变幅下 $R_0$ 随 $Q$ 的变化率增大,也只有河湾曲率半径较小的河段才能缩小 $R_0$ 的变化幅度,这是平面条件;图 3-25b) 表明,同为单一微弯河段,但大马洲等河相系数大于 4 的河段,$\partial R_0/\partial Q$ 的趋势线较顺直河段有所减小,但仍大于阻隔性河段的趋势线,说明随着河相系数增加,同流量变幅下 $R_0$ 随 $Q$ 的变化率也增大而不具有阻隔性,这是横断面条件;图 3-25c) 表明,同为单一微弯、河相系数小于 4 的河段,石首等河段中上部存在节点,$\partial R_0/\partial Q$ 的趋势线虽小于前两者,但仍大于阻隔性河段而不具有阻隔性;图 3-25d) 表明,同为单一微弯、河相系数小于 4、无节点的河段,七弓岭等河段河道纵比降过小,莱家铺等河段河岸粉粒黏土含量过低,太子矶—贵池等河段粗化层下限粒径过小,导致 $\partial R_0/\partial Q$ 趋势线虽进一步减小但仍大于阻隔性河段,不具有阻隔性,这是纵剖面条件及地质条件。整体来看,非阻隔性河段 $\partial R_0/\partial Q$ 的最大值均大于 0.55,而阻隔性段的最大值均小于 0.55。

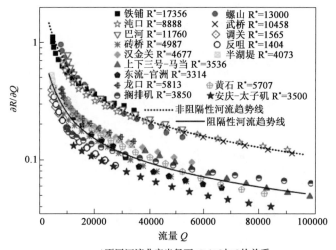

a)不同河湾曲率半径下 $\partial R_0/\partial Q$ 与 $Q$ 的关系

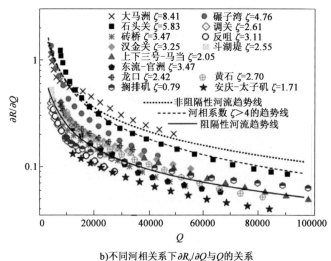

b)不同河相关系下 $\partial R_0/\partial Q$ 与 $Q$ 的关系

图 3-25

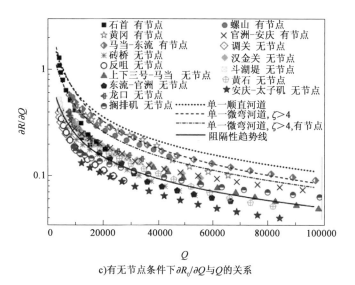

c)有无节点条件下$\partial R_0/\partial Q$与$Q$的关系

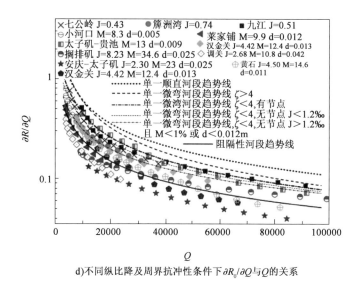

d)不同纵比降及周界抗冲性条件下$\partial R_0/\partial Q$与$Q$的关系

图3-25 各特征参数变化条件下$\partial R_0/\partial Q$与$Q$的关系

综上分析,非阻隔性河段在航道治理中需要联动治理,其判别的特征指标为:平均河相系数大于4的河段,出口无挑流节点,非阻隔性河段河道纵比降较小(平均比降$J$为1.59‰,$\partial R_0/\partial J$的平均值为$-1.43\times10^8$),控制程度上呈现逐层递进的关系。

## 3.3 长江中下游弯曲、分汊河段河势稳定机理研究

本节研究了不同河型两岸边界条件在控制河势稳定中发挥的作用,建立边界条件优劣的指标与平滩河宽经验曲线,揭示不同河型的主流平面摆动规律,提炼出影响主流摆动的临界流量值;通过小波分析方法对影响主流摆动的特征流量持续时间的周期进行了分析,

揭示了来流条件对主流摆动以及河势变化的影响;最后,通过分析边界条件指标、来流条件指标与河势稳定之间的关系,提出衡量长江中下游河势稳定的指标,为长江中下游河道治理提供参考。

### 3.3.1 地质组成条件影响

根据长江中下游沿线各堤段的堤基工程地质勘查报告,获得了沿线两岸较为全面详细的岸坡地质组成结构。考虑到深层土体多为基岩,选取天然岸坡顶部至以下30m范围的土体作为研究对象,划分为A~D四大类,表3-11为岸坡土体的一级分类评分标准。

长江中下游河道两岸地质结构分类及评分

表3-11

| 土层分类 | 土层描述 | 地质评分区间 |
|---|---|---|
| A类 | 岩石山体或单一黏性土层 | 90~100 |
| B类 | 上部黏性土层厚>5m,下部砂层的二元结构<br>上部砂层厚<5m,下部黏性土的二元结构 | 80~90 |
| C类 | 上部黏性土层厚<5m,下部为砂层的二元结构<br>上部黏性土与砂层互层、夹砂类透镜体等,下部为黏性土的多元结构 | 70~80 |
| D类 | 上部黏性土与砂层互层、夹砂类透镜体,<br>下部为砂层的多元结构单一砂层 | 60~70 |

由于黏性土黏结力越强,抗冲性越大,砂性土的颗粒粒径越大,抗冲性越大,进一步区别黏性土和砂性土中不同亚类的抗冲能力,将其由大到小排列为:山体基岩 > 黏土 > 粉质黏土 > 壤土 > 粉质壤土 > 沙壤土 > 卵石 > 砾石 > 粗砂 > 细砂 > 粉砂,其权重系数 $\alpha$ 分别取为0、0.1、0.2、0.3、0.4、0.5、0.6、0.7、0.8、0.9、1.0,从而可在一级分类的评分区间内,根据各亚类分层土的层厚进行加权计算,调整修正后,得到该断面的地质测评的综合测评分数 $M$:

$$M = M_{max} - 10 \sum_{i=1}^{n} \frac{\alpha_i \times h_i}{30} \tag{3-11}$$

式中,$M_{max}$ 为一级分类评分区间的最大值;$n$ 为二级分类总层数;$\alpha_i$ 为第 $i$ 层土类的权重系数;$h_i$ 为第 $i$ 层土的厚度,$\sum_{i=1}^{n} h_i = 30$。根据2011年长江中下游实测河道地形资料,分不同河型建立沿线328个断面的平滩河宽与地质综合测评分数的相关关系,见图3-26。

从图中可以看出,两者呈反比关系,但相关程度一般,这主要是因为河床两岸的边界条件不仅仅是地质组成情况决定,还包括护岸工程和矶头的综合影响。但拟合直线斜率的绝对值仍有一定规律性:单一型 > 顺直分汊型 > 微弯分汊型 > 鹅头分汊型,这与两岸地质条件越差、河宽越大的认识是一致的。

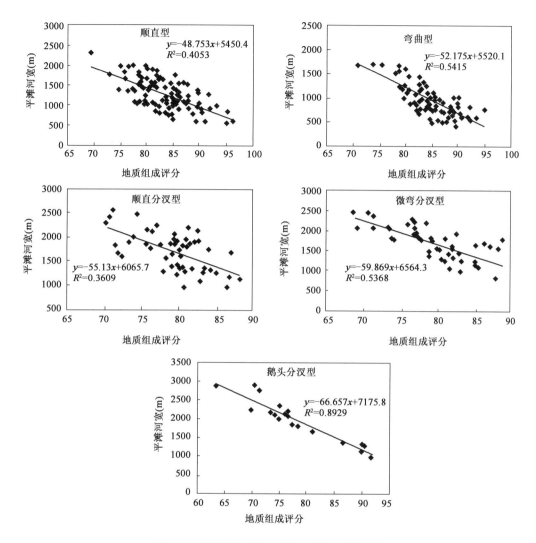

图 3-26 各型河型地质组成评分与平滩河宽的关系

### 3.3.2 护岸工程和矶头的控制作用

如图 3-27 所示,城陵矶以上护岸工程方量显著大于城陵矶以下,主要是荆江河段两岸均为抗冲能力较差的冲积平原,节点较少的单一顺直和弯曲河型多倚靠方量较大的护岸工程维持其河势稳定。

图 3-28 点绘了长江中下游对水流起明显作用的矶头突出于岸线的相对距离 $L/B_1$ ( $L$ 表示矶头突出岸线的长度, $B_1$ 表示矶头所在断面的平滩河宽)与冲刷坑相对深度 $H_r/H_c$ ( $H_r$ 表示矶头形成的冲刷坑最大水深, $H_c$ 表示矶头所在河段的深槽平均水深)的关系曲线,可见两者关系较好,可用矶头冲刷坑相对深度来表征矶头控导水流作用的强弱。

考虑到护岸工程显著增强了两岸边界条件的抗冲能力,即便地质组成存在差异,但护岸工程均能对河势起到较强的控导作用,为与缺少护岸工程的河段形成区别,取地质条件评分与护岸工程乘积 $M \cdot W^x$ 作为衡量指标。由于节点多由山体、礁岩、砾石等抗冲性更强物质组成,且突出于岸线,对河势的干预作用更强,因而取其与上述两者的乘积形式 $M \cdot W^x \cdot (H_r / H_c)^y$ 作为边界条件综合参数的基本形式。

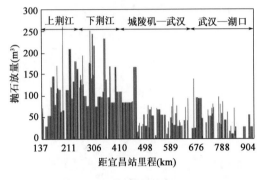

图 3-27　长江中游沿线抛石方量图

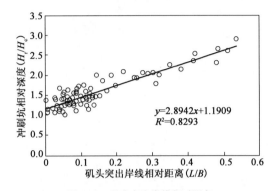

图 3-28　矶头突出岸线相对距离
与冲刷坑相对深度的关系

对于长江中游顺直或弯曲的单一河型,两岸地质组成的抗冲能力相差不大,因而单一河型多取左、右岸地质及护岸参数的平均值 $M_{ave} \cdot W_{ave}^x$ 进行衡量。顺直河型两岸均有多处山体或矶头控制,如界牌、武汉、韦源口、田家镇河段等两岸控制节点个数均达到 6 个以上,它们均显著增强了边界的抗冲能力,因而取其连乘积形式写入边界条件综合参数,见表 3-12 的式 1,将其与平滩河宽建立相关关系,如图 3-29a)所示,顺直河型的相关系数达到 0.93 以上,拟合程度较好。弯曲河型中在凹岸弯顶处往往分布有单一的矶头或钢筋石笼等护岸工程,能够抵抗水流的顶冲,并引导水流转弯,如荆江的莱家铺弯顶、反咀荆江门弯顶、尺八口七号岭弯顶均护有大型钢筋石笼;石首弯顶、郝穴弯道、调关弯道、牧鹅洲弯道、黄石弯道分别有东岳山、龙二渊矶、调关矶、白浒山、海关山等天然矶头导流,因而可取凹岸弯顶的单一节点作用写入边界条件综合参数,见表 3-12 的式 2,如图 3-29b)所示,该参数与平滩河宽建立关系的相关系数达到 0.91 以上。

**不同河型边界条件综合参数表**　　　　　　　　　　　　　　表 3-12

| 编　　号 | 河　　型 | 边界条件综合参数 |
|---|---|---|
| 式 1 | 顺直型 | $M_\beta = M_{ave} \cdot W_{ave}^{0.19} \cdot \prod (H_r / H_c)^{0.29}$ |
| 式 2 | 弯曲型 | $M_\beta = M_{ave} \cdot W_{ave}^{0.20} \cdot (H_r / H_c)^{0.31}$ |
| 式 3 | 顺直分汊型 | $M_\beta = \dfrac{(M_{ave} \cdot W_{ave}^{0.20}) \cdot (H_{rout2} / H_{cout2})^{0.65} \cdot (H_{rout1} / H_{cout1})^{0.65}}{(H_{rin1} / H_{cin1})^{0.50} \cdot (H_{rin2} / H_{cin2})^{0.50} \cdot D^{0.05}}$ |
| 式 4 | 微弯分汊型 | $(M_2 W_2^{0.14}) \cdot (H_{rout2} / H_{cout2})^{0.17} / (H_{rin1} / H_{cin1})^{0.17}$ |
| 式 5 | 鹅头分汊型 | $(M_2 \cdot W_2^{0.16}) / (H_{rin1} / H_{cin1})^{0.35}$ |

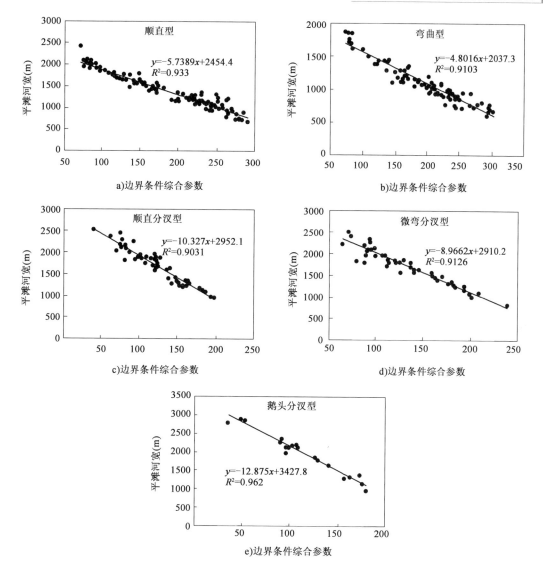

图 3-29 各型边界条件综合参数与平滩河宽的关系

对于顺直分汊河型,两侧对峙节点在一个水文周期内均存在一定的主流贴靠时间,当进口某一侧矶头将贴岸主流摆至对岸后,在出口处又受到对岸矶头的制约,将主流摆向河中。因此,顺直分汊段的边界条件约束能力取决于两岸岸线抗冲能力,以及出口节点导流能力 $(H_{rout1}/H_{cout1})^y \cdot (H_{rout2}/H_{cout2})^y$ 与进口节点挑流能力 $(H_{rin1}/H_{cin1})^z \cdot (H_{rin2}/H_{cin2})^z$ 的对比关系,同时上文分析还表明,河床摆动幅度还受节点纵距 $D^k$ 的制约,将上述因素表示成边界条件综合参数,见表 3-12 的式 3,如图 3-29c)所示,该参数与平滩河宽建立关系的相关系数达到 0.90以上。

对于微弯分汊河型,上节点位于进口凸岸侧,起到挑流作用;下节点位于出口凹岸侧,限制了河道及主流的下移摆动空间,起到导流作用,两节点具有一定间距和角度,使得河段发育为一定宽度和曲度的微弯分汊河型。如表 3-11 所示,三八滩、天兴洲、戴家洲、黄莲洲的进口凸岸分别有腊林洲、青山、燕矶、冯家山等节点,出口凹岸分别有观音矶、阳逻矶、回凤矶、鲤鱼山节点。微弯分汊段的边界条件约束能力主要取决于凹岸岸线抗冲能力($M_2 \cdot W_2^x$),以及出口凹岸节点($H_{rout2}/H_{cout2}$)$^y$ 与进口凸岸节点($H_{rin1}/H_{cin1}$)$^z$ 的对比关系,边界条件综合参数可表示为表 3-12 的式 4,如图 3-29d)所示,该参数与平滩河宽建立关系的相关系数达到 0.90 以上。

对于鹅头分汊河型,仅存在进口凸岸的单侧节点,洪、中、枯不同流量级下经节点挑流作用不同,导致主流带发散,而凹岸往往抗冲能力较差,由此发育成宽度和曲度均较高的鹅头分汊河型。如表 3-13 所示,与微弯型分汊段相比,陆溪口、团凤、龙坪等鹅头型分汊段出口不存在凹岸节点,致使凹岸岸线不受限制才持续作弯。鹅头分汊段的边界条件约束能力主要取决于凹岸岸线抗冲能力($M_2 \cdot W_2^x$)与进口凸岸节点($H_{rin1}/H_{cin1}$)$^z$ 的对比关系,边界条件综合参数可表示为表 3-12 的式 5,如图 3-29e)所示,该参数与平滩河宽建立关系的相关系数达到 0.96 以上。

典型分汊河型矶头冲刷坑相对深度表 表 3-13

| 河型 | 江心洲 | 位置 | 左岸 | | 右岸 | | 河型 | 江心洲 | 进口凸岸 | | 出口凹岸 | |
|---|---|---|---|---|---|---|---|---|---|---|---|---|
| 顺直分汊 | 南阳洲 | 进口 | 白螺矶 | 1.65 | 道人矶 | 1.17 | 微弯或弯曲分汊 | 三八滩 | 腊林洲 | | 观音矶 | 2.07 |
| | | 出口 | 杨林矶 | 2.38 | 龙头山 | 1.58 | | 乌龟洲 | 西山 | 1.55 | 太和矶 | 2.02 |
| | 新淤洲 | 进口 | 螺山矶 | 1.42 | 鸭栏矶 | 2.27 | | 天兴洲 | 青山 | 1.15 | 阳逻矶 | 1.26 |
| | | 出口 | 石码头 | 1.15 | 黄盖山 | 1.57 | | 戴家洲 | 燕矶 | 1.66 | 回凤矶 | 2.10 |
| | 护县洲 | 进口 | 宏恩矶 | 1.67 | 石矶头 | 2.01 | | 黄莲洲 | 冯家山 | 1.34 | 鲤鱼山 | 1.58 |
| | | 出口 | | | | | 鹅头分汊 | 陆溪口 | 赤壁山 | 1.76 | | |
| | 铁板洲 | 进口 | 沙帽山 | 1.11 | 赤矶山 | 1.68 | | 团凤 | 泥矶 | 2.92 | | |
| | | 出口 | 大军山 | 1.40 | 槐山矶 | 1.17 | | 龙坪 | 三尾山 | 1.51 | | |

综上,考虑两岸地质组成、护岸工程、天然山体或人工矶头影响后,提炼出的各断面的两岸边界条件综合参数与平滩河宽拟合关系良好,说明边界条件决定河宽大小,进而成为影响河势稳定的主要因素之一。同时,弯曲型、顺直型、顺直分汊型、微弯分汊型、鹅头分汊型的边界条件综合参数平均值分别为 196、175、132、122、114,拟合趋势线斜率绝对值分别为 4.8、5.7、9.0、10.3、12.9,说明随着河型复杂化,河宽逐渐变大且边界条件对河宽的控制作用越来越弱化。

### 3.3.3 流量变异幅度对河势的影响

(1)不同河型主流摆动特征流量的确定

对于单一顺直及弯曲河型,小水时主流归入深槽,边滩起到约束水流的作用,开始漫出深槽的临界流量称为主流起摆流量 $Q_{start}$;大水时水流漫过边滩,边滩起到形态阻力作用,直到某级临界流量后主流基本停止摆动,称为主流止摆流量 $Q_{lock}$。顺直河型分别选择周公堤、铁铺、界牌、武穴作为上荆江、下荆江、城汉、汉湖河段的代表河段;弯曲河型分别选择郝穴、莱家铺、煤炭洲、牯牛沙作为上述代表河段,各河段主流摆动特征流量下流速沿断面分布图见图 3-30a)、图 3-30b)。

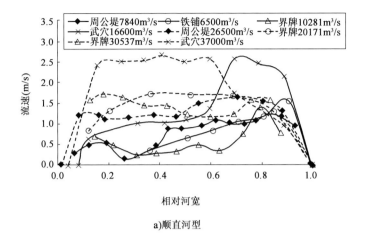

a)顺直河型

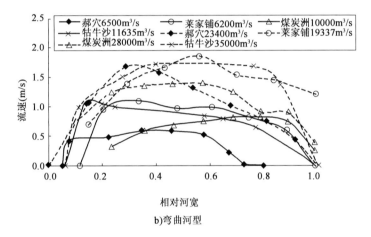

b)弯曲河型

图 3-30 单一河型主流摆动特征流量

对于分汊河型,不同流量级下水流天然弯曲半径不同,主流发生摆动,再者上游河势调整也可能改变分汊段进口的流路,两者均会导致进口矶头的挑流作用发生强弱变化,从而使分汊段主流摆动过程更加复杂。定性上可将主流作如下划分:开始在枯水汊内摆动,称为主流起摆流量 $Q_{start}$,此时摆幅较小;超过某级临界流量后,主流漫上江心洲滩的滩头区域,称为主流漫滩流量 $Q_{beach}$;超过某级临界流量后,主流进入洪水汊,称为主流易汊流量 $Q_{trans}$;汊内摆动直到主流停止摆动,称为主流止摆流量 $Q_{lock}$。

顺直分汊河型的上游多为单一河道,如南阳洲上游的道人矶水道、铁板洲上游的金口水道、太平口心滩上游的沌市弯道、白沙洲上游的沌口水道等,多年来河势稳定,因而进口矶头挑流作用强弱主要与不同量级下水流动力轴线的贴岸程度有关。例如嘉鱼水道护县洲(图 3-31),上游龙口水道深泓长期稳定,中小水期来流傍岸顶冲石矶头,水流具有一定动量后,石矶头强挑流作用将水流挑至左岸,顶冲汪家墩边滩;流量继续增大后,主流逐渐居中而摆脱石矶头挑流影响,此时左岸一、二、三矶头(统称宏恩矶)的强烈吸溜作用开始将水流吸至左汊,而随着动量继续增大,主流又被宏恩矶挑回至河中心。再如太平口水道(图3-32),虽然无矶头挑流作用,但受流量增大、水流趋直影响,从枯水汊向河中江心洲摆动,漫过江心洲并易位至洪水汊,流量更大后到又摆回河中心。可见,顺直分汊河型的主流摆动规律为:主流超过 $Q_{beach}$ 后,受枯水汊侧矶头挑流或弯曲水流天然特性的影响,漫过洲头心滩,流量增大至 $Q_{trans}$ 后主流摆入洪水汊,增大至 $Q_{lock}$ 时主流基本摆回河心。以太平口、嘉鱼、人民洲作为代表河段,主流摆动特征流量下流速沿断面分布图见图3-33。

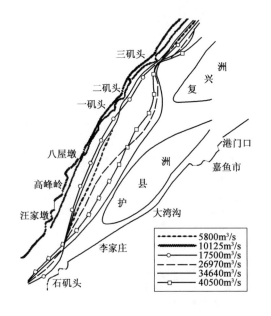

图3-31 嘉鱼河段主流摆动图

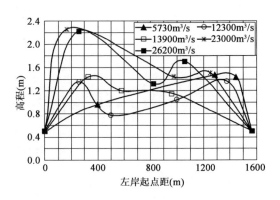

图3-32 太平口心滩流速分布图

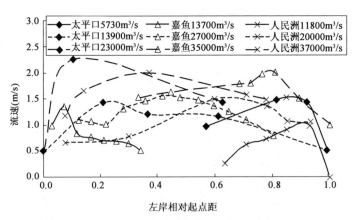

图3-33 顺直分汊起摆、漫滩、易汊流量流速分布

微弯分汊河型上游河势多单一稳定,马家咀、尺八口、德胜洲、鲤鱼山等上游河段分别为观音寺、熊家洲、沙洲、搁排矶等单一段,河势多年未变;同时进口矶头挑流作用不及弯道水流特性强烈,主流摆动遵循流量越大、水流动力轴线曲率半径越大的规律,由深泓所在的凹岸汊向

凸岸汊摆动(图 3-34)。即便部分河段受到上游河势调整影响,发生主支汊易位,如戴家洲 1958 年后深泓一直稳定在直港,2004 年以来因上游巴河边滩消亡,圆港才恢复主汊地位;再如天兴洲自 20 世纪 60 年代右汊发育为主汊以来,深泓始终稳定未变,但其调整的时间尺度均在 40 年以上,可基本认为上游河势是稳定的。因此微弯分汊河型的主流摆动规律为主流超过 $Q_{beach}$ 后,主流自枯水汊(凹岸汊)漫过洲头心滩,流量增大至 $Q_{trans}$ 后摆至洪水汊或江心洲上,增大至 $Q_{lock}$ 时主流基本停止摆动。以马家咀、尺八口、天兴洲作为代表河段点绘主流摆动特征流量下流速分布图见图 3-35。

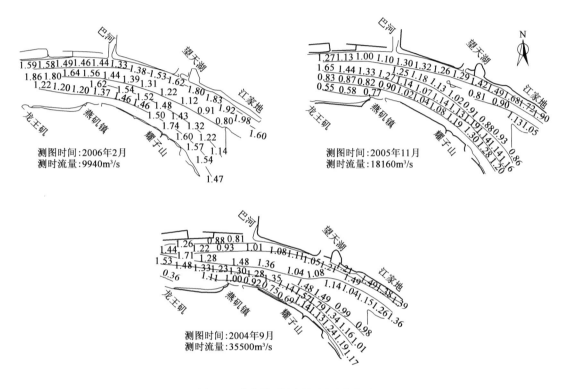

图 3-34 戴家洲不同流量下流速分布图

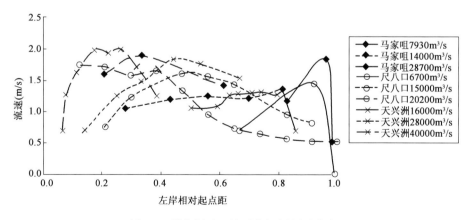

图 3-35 微弯分汊河型摆动特征流量流速分布

弯曲分汊河型以监利乌龟洲代表,矶头挑流能力增强,上游塔市驿弯道河势稳定,进口有西山矶头的挑流作用,凸岸有新河口边滩发育。如图3-36所示,主流摆动规律为:小水时主流开始在枯水汊(凸岸汊)内小范围摆动,称为 $Q_{start}$;受流量增大、弯曲半径增大影响,流量超过 $16100\mathrm{m}^3/\mathrm{s}$($Q_{beach}$)后,主流漫上凸岸边滩;流量增加至 $23000\mathrm{m}^3/\mathrm{s}$ 时,矶头(西山)挑流强度超过弯道水流惯性,主流被挑至乌龟洲头心滩及凹岸汊,该级流量称为矶头挑流临界流量 $Q_{rocky}$;当流量超过 $30800\mathrm{m}^3/\mathrm{s}$ 时主流在洪水汊内基本停止摆动,称为 $Q_{lock}$。

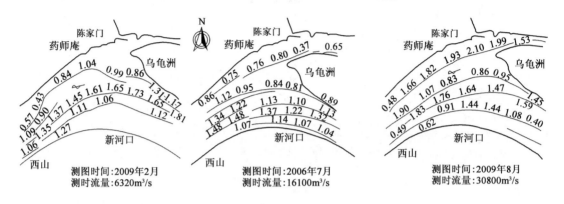

图 3-36　监利乌龟洲不同流量下流速分布图

鹅头型分汊段主流摆动规律与弯曲分汊相似,但矶头突出于岸线的幅度更大,因而当上游河势发生变化时,矶头挑流临界流量的变化更加敏感,应分开讨论。研究表明,上游新堤夹分流比不足 40 时,陆溪口河段来流贴靠左侧腰口边滩,赤壁山挑流作用较弱(图3-37);当新堤夹分流比超过 40% 后,来流顶冲赤壁山,挑流作用较强。相应地,主流由直港摆向中港的临界流量发生变化,如图3-38所示,赤壁山挑流作用较强时,$Q_{beach}$、$Q_{rocky}$ 分别为 $12000\mathrm{m}^3/\mathrm{s}$、$15047\mathrm{m}^3/\mathrm{s}$;赤壁山挑流作用较弱时,两者分别为 $20500\mathrm{m}^3/\mathrm{s}$、$30000\mathrm{m}^3/\mathrm{s}$。

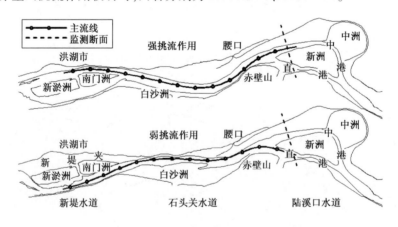

图 3-37　上游不同河势时陆溪口主流平面位置

团凤东槽洲进口有泥矶的挑流作用,随着上游赵家矶边滩的冲淤消长,对泥矶的掩护作用时强时弱,主流的贴岸程度也有差异。如图3-39所示,当赵家矶边滩冲刷后退、倒套上延、甚至有切滩发生时，主流贴靠泥矶，泥矶强挑流作用将主流挑至心滩，促进心滩的冲刷和窜沟的发展，此时 $Q_{beach}$、$Q_{rocky}$ 分别为 18700m³/s、25048m³/s（图 3-40a）；当赵家矶边滩滩体完整，对泥矶形成掩护作用，削弱了泥矶的挑流能力时，主流进入深泓所在的右汊，遵循弯道水流运动规律，随着流量增大先摆向凸岸人民洲边滩，直至挑流强度超过弯曲水流惯性力之后，才被挑至江心洲头及左汊，$Q_{beach}$、$Q_{rocky}$ 分别为 26187m³/s、37356m³/s（图 3-40b）。

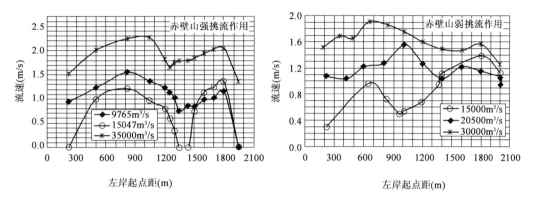

图 3-38  上游不同河势时陆溪口进口流速分布图

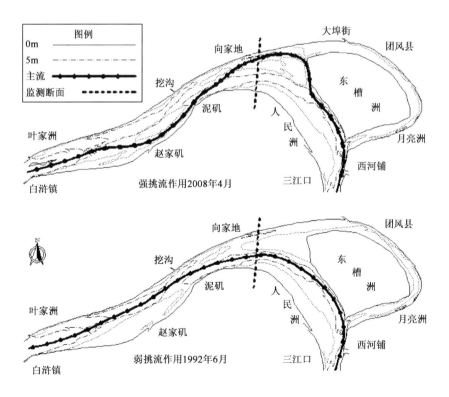

图 3-39  上游不同河势时东槽洲主流平面位置

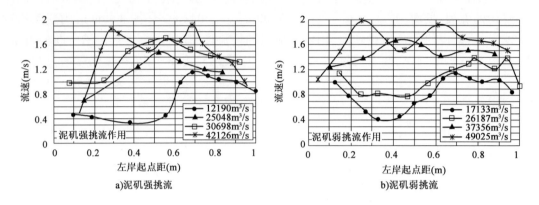

图 3-40　上游不同河势时东槽洲进口流速分布图

综上所述,按五种基本河型进行划分,给出长江中下游主流摆动各级特征流量区间的临界值,见图 3-41。其中上、下荆江不存在鹅头分汊,城汉河段不存在微弯分汊,而下荆江增设弯曲分汊;同时,城汉河段及汉湖河段的鹅头分汊的临界流量取值,分别讨论了两种典型的上游不同河势的影响。

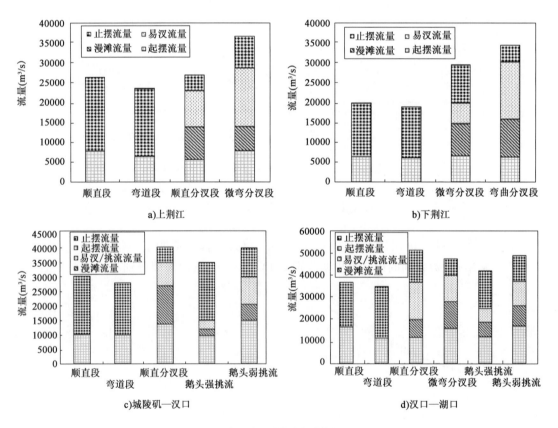

图 3-41　长江中下游主流摆动特征流量图

（2）主流摆动持续天数的周期变异性

研究表明,影响河床演变的特征流量持续天数达到一定天数后,洲滩才会发生明显变形,可见来流对河势变化的影响是一种累积效应,通过主流摆动特征流量持续时间的长短反映出来。然而不同水文年的特征流量持续天数不同,随着年际间天然来流的周期性变化,特征流量持续天数也应具有周期变化特征。反映到河势变化影响方面,某水文系列下特征流量持续天数的变化周期越小,则引起主流大幅度摆动、洲滩强烈变形的频率越高,河势变化越为急剧,河势稳定性指标越小。

采用小波分析方法研究从天然来流提取出的主流摆动特征流量持续时间系列的周期性。采用 Morlet 小波函数,对于小波母函数 $\psi(t)$,时间序列 $f(k\Delta t)$（$k = 1,2,\cdots,N$）的离散小波变换定义为:

$$W_f(a,b) = \frac{1}{|a|^{1/2}}\Delta t \sum_{k=1}^{N} f(k\Delta t)\overline{\psi}\left(\frac{k\Delta t - b}{a}\right) \tag{3-12}$$

式中,$a$ 为尺度因子,反映小波的周期长度;$b$ 为时间因子,反映时间上的平移,$\Delta t$ 为取样时间间隔。$\overline{\psi}(t)$ 是 $\psi(t)$ 的复共轭函数;$W_f(a,b)$ 称小波（变换）系数。分别以沙市、监利、螺山、汉口四站的 1955～2011 年共 57 年的流量系列作为统计样本,分析上荆江、下荆江、城陵矶—汉口、汉口—湖口河段的主流摆动各级特征流量持续天数系列的周期性。

图 3-42 仅给出了各河段中顺直型的起摆-止摆、顺直或弯曲分汊型的漫滩-易位、鹅头分汊型矶头强挑流作用下的漫滩-挑流流量区间的持续天数标准化系列的小波变换实部等值线图。小波系数实部为正时,表示持续天数偏多（图 3-42 中红色区域）,为负时表示持续天数偏少（图 3-42 中蓝色区域）,为零时表示突变点,能量中心集中的频域尺度内多、少交替变化较为清晰,其纵坐标值即为该系列主周期。

为了更直观地将系列主周期反映出来,对时间域上关于 $a$ 的所有小波系数的平方进行积分,计算小波方差,式(3-13)为小波方差的离散形式。小波方差能够反映持续天数序列中所包含的各种尺度的波动及其能量强弱,第一峰值的尺度下信号震荡最强,为该持续天数系列的第一主周期。图 3-43 分各河段给出了顺直分汊、微弯分汊、弯曲分汊、矶头强弱挑流作用下鹅头型分汊的主流摆动各级特征流量的持续天数系列的小波方差图。

$$Var(a) = \frac{1}{n}\sum_{b=1}^{n} |W_f(a,b)|^2 \tag{3-13}$$

从图 3-43 及图 3-44 可以看出,上荆江、下荆江、城汉河段、汉湖河段顺直河型起摆～止摆流量区间的持续天数系列的第一主周期分别为 14、15、4、4,弯曲河型分别为 14、14、9、4;而顺直分汊河型的起摆-漫滩的主周期分别为 14、15、4、9,漫滩-易汊的主周期分别为 14、11、10、11、易汊-止摆流量区间的主周期分别为 10、10、6、5;从图 3-43 可以看出,上荆江、下荆江、汉湖河段微弯分汊河型的起摆-漫滩的主周期分别为 14、15、4,漫滩-易汊的主周期分别为 10、10、11、易汊-止摆流量区间的主周期分别为 5、14、5。

可见,就同一种河型而言,城汉、汉湖河段的周期总体上普遍小于上、下荆江,意味着城陵矶以下河段的各级主流摆动特征流量持续天数超过临界天数的频率更高,相应流量区间内河势剧烈调整的可能性更大,河势更为不稳定。其中,城汉河段顺直分汊河型的漫滩-易汊流量区间的主周期达到10,汉湖河段的顺直分汊河型及微弯分汊河型中的漫滩-易位流量区间的

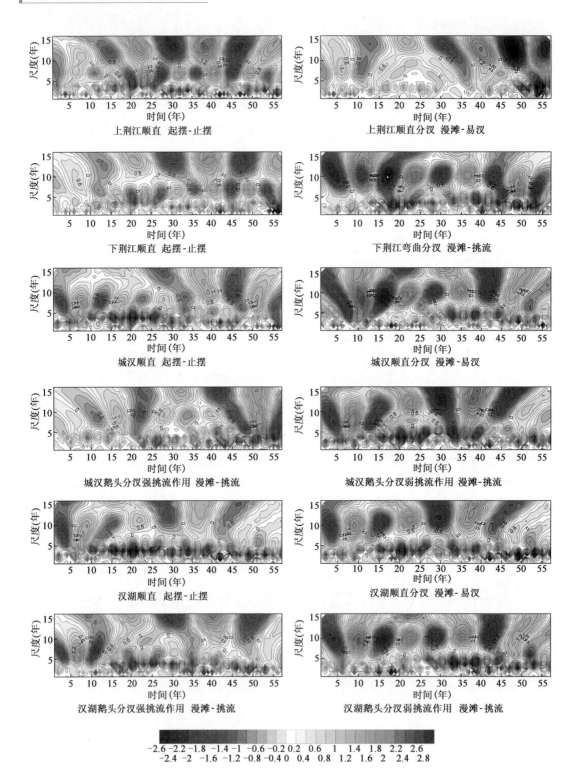

图 3-42　主流摆动持续天数系列小波变换系数实部等值线图

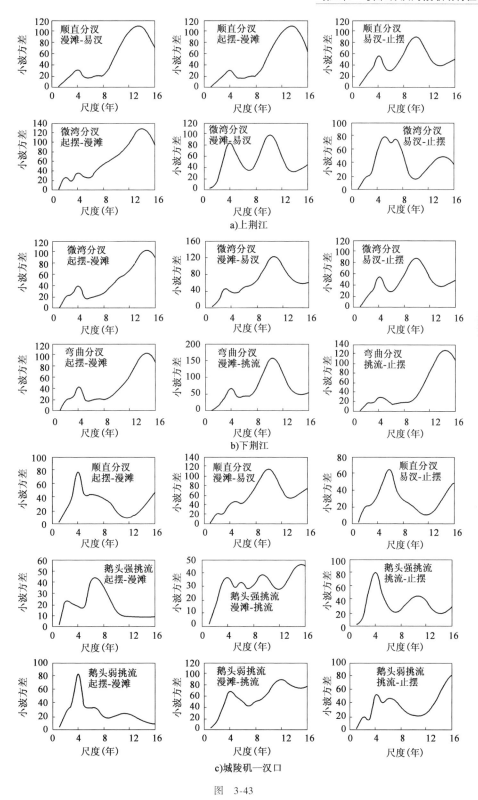

a)上荆江

b)下荆江

c)城陵矶—汉口

图　3-43

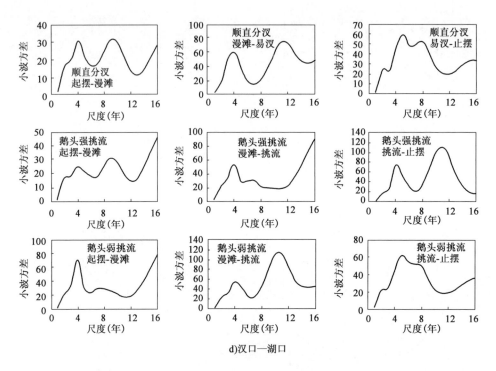

d)汉口—湖口

图3-43　长江中下游主流摆动持续天数系列小波方差图

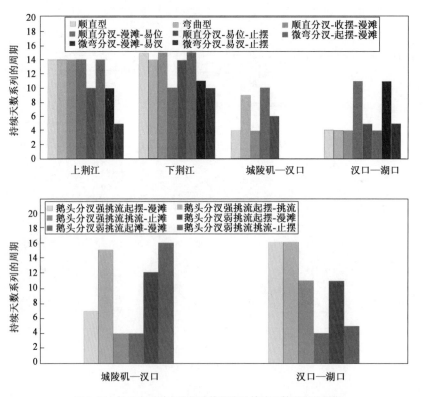

图3-44　长江中下游主流摆动特征流量持续天数系列的周期

主周期均达到11。因而,可以认为,上、下荆江的天然来流过程中,对单一顺直和弯曲河型的主流摆动起主要影响的流量区间持续天数系列周期长,导致该河型河势稳定性高;而城汉、汉湖河段中影响顺直或微弯分汊河型主流摆动的流量区间持续天数系列变化周期较其他河型更长,河势更为稳定,因而适合发育为顺直分汊或微弯分汊河型。

就同一河段内部而言,上、下荆江的顺直及微弯分汊段均遵循 $T_{起摆-漫滩}>T_{漫滩-易汊}>T_{易汊-止摆}$ 的规律,说明易汊-止摆流量区间内持续天数系列周期最短、超过临界天数的频率最高,河势调整现象将主要表现为洪水汊冲刷发展、崩岸甚至主支汊易位等;城汉、汉湖河段的顺直及微弯分汊段 $T_{漫滩-易汊}>T_{易汊-止摆}>T_{起摆-漫滩}$,说明起摆-漫滩流量区间内来流条件的稳定性最低,其次为易汊-止摆,河势调整现象将主要为枯水、洪水交替冲刷为主,较少出现单向冲刷状态,因而主支汊易位较少发生,属于相对稳定分汊段;下荆江的弯曲分汊段 $T_{起摆-漫滩}>T_{易汊-止摆}>T_{漫滩-易汊}$,河势调整以江心洲头心滩冲刷切割为主;城汉、汉湖的鹅头型分汊段在强挑流作用下,$T_{漫滩-易汊}>T_{起摆-漫滩}>T_{易汊-止摆}$,河势调整以洪水汊冲刷崩岸为主;鹅头型分汊段在弱挑流作用下,起摆-漫滩流量区间内持续天数下列周期最短,可见此时势调整现象主要为凸岸边滩的冲刷切割。

### 3.3.4　河势稳定指标的确定及合理性检验

(1)河势稳定指标的确定

长江中下游河势稳定决定于深泓或主流位置的稳定性,主要受河床边界条件和来水条件的影响。不同河型的边界条件综合参数 $M_\beta$ 依据表3-12确定。来水条件对不同河型河势稳定的影响主要体现在,主流摆动的各级特征流量的时变率 $\dfrac{Q_起-Q_止}{t_{起止的持续天数}}$,以及各级特征流量持续天数的周期两方面。某级特征流量区间内时变率愈大、持续天数周期愈短,说明该级流量区间内超过河床变形临界天数的频率愈高、河势愈不稳定。将时变率无量纲化,并将各级特征流量的时变率及周期,按该级流量区间内实测主流摆动幅度进行加权平均计算,得到水流条件综合参数 $N$,长江中下游河势稳定综合指标可概括为式(3-14),式(3-15)中单一河型 $k$ 等于1,分汊河型 $k$ 等于3。

$$\Phi = M_\beta^{0.10} N^{0.05} \tag{3-14}$$

$$N = \frac{\sum_{k=1}^{n}\left(\dfrac{Q_{平滩}\times t_{起止的持续天数}}{(Q_起-Q_止)\times 365}\times T_{起止的周期}\times L_{起止的主流摆动幅度}\right)_k}{L_{主流最大摆动幅度}} \tag{3-15}$$

$$\sum_{k=1}^{n}\left(L_{起止的主流摆动幅度}\right)_k = L_{主流最大摆动幅度} \tag{3-16}$$

(2)河势稳定指标与实测深泓最大摆动幅度的关系

分不同河型建立式(3-15)计算出的河势稳定指标与相应河段的实测深泓最大摆动幅度相对值(最大摆幅与平滩河宽比值)的相关关系,如图3-45a)～e)所示,相关系数均在0.70以上,验证了河势稳定指标的形式及成果较为合理,可用来衡量长江中下游河势稳定性。同时,为统一不同河型河床形态对主流摆动的影响,考虑到河相系数能够表征一定流量下形成的天然河道的形态及尺度,引入其倒数 $H/\sqrt{B}$ 乘以原河势稳定指标,得到通用河势稳定指标,如

图 3-45f)点绘了其与深泓摆幅的相关关系,相关系数达到 0.87,可见关系良好。

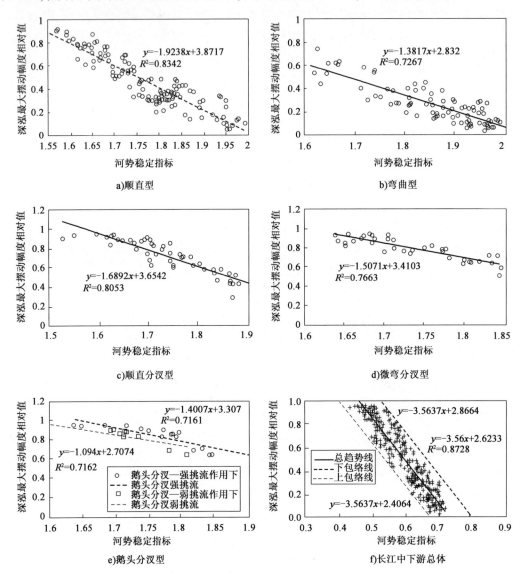

图 3-45　河势稳定指标与深泓最大摆动幅度的关系

# 第4章 弯曲-分汊联动河段治理技术

## 4.1 长江中下游河段浅滩碍航特性

### 4.1.1 弯曲河段浅滩碍航特性

河湾水流包括水流动力轴线、横向环流和水面状态互相制约三个方面,其中水流动力轴线起主导作用,弯道环流造成泥沙的横向输移,长期的凹冲凸淤使得弯道段宽度远大于其进出口过渡段,河宽的增加导致水流散乱以及主流位更不稳定。河湾内主流线的变化对河床演变起决定性作用:当主流线弯曲贴岸时,凹岸近岸流速加大,冲刷力增强,而凸岸流速减缓,泥沙易于落淤,且加强了横向环流和泥沙的横向输移,加速凹岸崩塌和凸岸淤积,浅滩淤积往往与凹岸大幅崩退相关;反之,当河湾内主流线取直居中时,凹岸崩塌和团淤积速度减缓,甚至会出现切滩、撇湾等现象,切滩后,滩性散乱,水流分散导致浅滩淤积。

弯道放宽率不同,浅滩位置,碍航程度也有所不同。若弯道放宽率小,浅滩一般出现在进出口过渡段,弯道内环流强,不易出浅。但若弯道曲率较大,由于弯道水流动力轴线具有"低水傍岸,高水取直"的特点,遇大水年份,凹岸因长期处于回流区而淤积,导致撇弯,若凸岸边滩较宽,还可能因边滩切割而形成汛期过流的支汊,致使水流分散而出浅。

若弯道放宽段较大,而且弯曲率较小,弯道特性不强,难以淤积形成高大的边滩,这种微弯放宽段演变与顺直放宽河段相似,浅滩与边滩对水沙条件敏感,同时边滩的冲刷又会促进边滩的淤积;若放宽率大,弯曲率也较大,则凸岸边滩切割的可能性较大,受水流周期性的影响,边滩周期性切割。长江中下游监利水道曾于1931年大水切滩,之后不久心滩并靠凸岸侧,此后的1972年凸岸边滩再次被切割,形成新河槽,期间河段内浅滩演变极为复杂。

在三峡水库蓄水以前,荆江河段弯曲段的演变基本上表现为"凹冲凸淤",及凹岸持续冲刷后退,而凸岸边滩也随之逐渐淤涨。三峡水库蓄水以后,凹岸被控制的弯曲河段开始呈现截然相反的演变特点,表现为凸冲凹淤,凸岸边滩冲刷萎缩,凹岸深槽淤积变浅的特点。

三峡水库蓄水后,由于下泄沙量的大幅减少,弯道段凸岸边滩由于泥沙补给不足多呈现冲刷状态。位于荆江中段的调关-莱家铺河段表现得较为明显,调关弯道、莱家铺弯道都有明显的凸岸边滩冲刷萎缩,深泓向凸岸横向移动,凹岸大幅淤积等现象。

受这种变化的影响,荆江河段部分弯曲河段的航道条件随之急剧恶化。如荆江末端的熊家洲-城陵矶河段,七公岭弯道以及八仙洲弯道段"凸冲凹淤"的现象十分明显。其中,七公岭晚到的凸岸边滩更不受水流切割,形成双槽格局,导致弯道进口的尺八口水道水流分散,形成大范围的散乱型浅区,近几届枯水期航道条件都较差,需要疏浚才能维持现行的航道尺度。

### 4.1.2　分汊河段浅滩碍航特性

分汊放宽段普遍存在浅滩,长江中下游已实施的 20 多个航道整治工程中,绝大部分位于分汊河道。放宽的航道外形使得分汊段主流摆动频繁。长江中下游浅滩往往位于枯水汊,洪水流量时,浅滩位于环流区而淤积,枯水流量时,浅滩位于主流区而冲刷,洪水流量持续时间较长,枯水流量持续时间较短浅滩水深较小,这是 1998 年大洪水过后长江中下游航道条件普遍较差的主要原因。分汊放宽河道按其平面外形可分为顺直分汊、微弯分汊和鹅头分汊,三种不同类型的浅滩分布特点大同小异。

顺直分汊河段两岸往往分布有对称控制性节点,节点的存在有效控制了上下游的河宽,间接增加了节点间河道的河宽,而宽段易形成边滩,同时节点具有调流作用,均可导致河段内主流周期性摆动。在综合作用下,分汊段进口河宽较大,滩体易冲淤变形,并且分流区流态较为复杂,因此浅滩应运而生。

微弯分汊段往往存在单侧控制节点,并且河道一般分为两汊,演变特点主要表现为主支汊交替发展,并伴随边心滩冲淤变形。这种汊道的进口、中部、尾部均可能出现浅滩。汊道进口浅滩的出现,主要是由于洲头大幅度崩退,形成大范围低滩,若洲头低滩明显萎缩,浅滩将逐渐淤高,甚至导致碍航。

鹅头分汊河道一般也存在单侧控制节点,凹岸侧较为弯曲,平均放宽率、分汊系数显著大于微弯分汊河段。河道演变基本遵循新汊产生、扩大、平移、衰亡的完整演变周期。由此引起滩地大面积塌失、主流线大幅度摆动,各汊道水沙重新分配及纵横剖面的调整。在演变周期初期阶段,新汊初生,开始分泄主汊流量,此时口门浅滩冲刷能力下降,伴随着"凹岸冲刷,凸岸淤积"的不断发展,新汊扩大,同时水流趋于弯曲,此时主支汊分流比相差不大,基本处于争流的状态,两汊口门都会形成浅滩,航道条件面临选槽和浅滩碍航的双难局面;最后,主支汊完成交替至下一周期的开始。鹅头分汊河道仍然是主汊口门附近出现浅滩,浅滩冲淤仍主要受水沙及低矮边心滩变形的影响。

## 4.2　弯曲-分汊联动河段治理原则及思路研究

### 4.2.1　航道整治面临的问题

依据新水沙条件下,长江中下游弯曲河段、分汊河段河床演变特征及碍航特性出现了新变化。航道面临的新问题,具体表现为:

(1)河道边界的不稳定性加剧。

近年来岸线变化部位多在两弯道顶冲段间的过渡段边滩,其中有的位于凹岸顶冲段上、下游;有的则位于凸岸边滩,这些地段岸线变化多是由于近期左右汊分流比有较大变化引起的。这些边滩大多未实施守护或零星少量守护,岸线的崩退在三峡水库蓄水前均已显现。而两弯道间的二(多)次过渡段均有不同程度的崩退。三峡水库蓄水后,河道边界的不稳定性有所加剧,崩岸不仅发生在未护岸段,已护岸段同样发生了崩岸,如监利河段的团结闸护岸段均发生了较大规模的崩岸。

（2）洲滩退蚀，滩槽格局变化。

在未来上游来沙进一步减少的条件下，河道侧蚀的不利变化趋势还将深入发展，低滩加速萎缩，高滩加速崩退，洲滩迅速冲刷导致主流也相应摆动，一些河段的侧蚀速度还将大大加快。随着河道侧蚀展宽，主流摆动空间加大，水流难于集中稳定冲槽，航道条件将日趋恶化。随着175m蓄水，清水下泄造成水位下降、滩槽格局的破坏等不利变化还将深化发展。在目前的水沙条件下，河段内各水道的不利变化逐渐积累，随时可能引发滩槽格局与航道条件的突然恶化，滩槽格局一旦破坏，自然恢复的可能性极低，治理难度和成本将成倍增加。所以，对长江中下游中不满足规划要求的水道及时实施整治十分必要，同时对于目前航道条件尚好，但洲滩出现不利变化的水道实施整治也是十分紧迫的。

（3）上、下游河势联动影响。

三峡蓄水后，下游河道冲淤演变剧烈程度沿程减弱，而不同河型河段对三峡蓄水影响的反映也存在差异，由于上下游河段之间演变具有关联性，相邻河段平顺衔接的河势可能发生相应的调整。相邻河段演变的关联性包括两个方面，其一是水流特性相关联，其二是洲滩演变相关联。以荆江河段为例，在大埠街以下的沙质河段，关联性表现为上下游河段洲滩演变及汊道分流格局等相互影响，分析认为，虽然大埠街以下节点甚少，但杨家厂、塔市驿两处长窄深河段仍起到了阻隔上下游影响的作用。

## 4.2.2　长江中下游河段系统治理原则

长江中下游河段需遵循航道系统整治的原则，具体如下：

（1）统筹兼顾。紧密结合水利部门河道治理规划，依托已实施的长江河势控制工程和已建的航道整治工程，充分考虑对防洪、水利、港口码头、生态环境等各方面的影响及两岸经济发展的需要，合理布置工程。

（2）系统治理。长江中下游河段航道既存在浅滩航道尺度不能满足规划标准的问题，又存在三峡水库运行后出现的洲滩持续冲刷、崩岸加剧、撇弯切滩、主支汊易变等不利变化，还存在水位下降的问题，要实现长江中下游河段航道整治目标，必须开展系统治理，包括：总平面设计要在研究各浅滩之间相互关联性的基础上，做到上下兼顾、系统布局；整治重点碍航浅滩和加强控制守护滩槽格局相结合、改善航道条件与遏制三峡水库蓄水后普遍出现的不利变化趋势相结合，提高航道尺度与减少水位下降相结合，系统解决本工程河段存在问题，整体实现治理目标等。

（3）因势利导。因势利导是航道整治应遵循的普遍原则，要求航道治理要充分利用河道有利条件和稳定的河势格局，遵循水流泥沙的运动规律和河道的演变特点，对航道条件影响不利的因素进行必要控制或调治，引导航道条件向有利的方面变化。根据本工程特点，重点从以下方面着手：首先是利用三峡水库蓄水后泥沙减少、枯水流量增加这两个基本条件，优先采用固滩稳槽的措施，引导水流冲刷航道；二是在掌握不同类型浅滩不同演变规律的基础上，采用不同的治理措施；三是建筑物布置充分利用主导岸、节点、已建工程，力求事半功倍。

（4）循序渐进。由于工程河段内各浅滩之间的存在不同的关联关系、浅滩演变有的剧烈、有的相对平缓，各建筑物之间存在不同的关联作用，本工程应根据循序渐进的原则合理安施顺序，以取得更好的整治效果。对目前航道未达到标准的水道和航道条件已出现明显恶化迹象的水道,应优先安排治理;对洲滩关联性较强的河段,应先期实施起关键控导作用的工程,视河道调整情况继续优化方案、实施下期工程。尤其是对变化剧烈、影响较大的关键部位先期实施工程措施,控制滩槽格局,如持续冲刷、崩腿剧烈的高滩、边滩守护工程,以期最大限度地保护现有滩体的功能;而对于变化较缓、受先期工程影响不大的部位,则可安排在后期实施。同一护滩(底)带不宜跨两个水文年施工。

本书通过分析认为,这四条原则对于长江中游长江中下游河段航道整治工程昌门溪至熊家洲段工程的建设是合适的,但对于更高治理目标的实现,则需要进行适当的调整。

其一,对长江中下游河段开展进一步提高航道尺度的治理,面临的外部建设条件将较当前更加复杂,工程力度加强后必然加大对沿岸防洪的影响,工程区域铺开后将在更大范围的人为改造原生态的水域和临水陆域,对临水设施以及岸线利用的影响也会有所加大。因此,统筹兼顾这一原则不仅仅是合理布置工程,减少对外部建设条件的影响,还应从综合建设的角度,主动考虑合理补偿,如险工段的加固处理、加大环保投入、迁建引水条件或者水域条件受系统治理影响较大的临水设施等等。因此,第一条原则可以确定为:"统筹考虑工程治理效果与工程对长江中下游防洪、生态环境及其他水事权益的影响,主体工程配备必要的专项辅助工程,实现综合治理"。

其二,系统治理与因势利导这两条原则可以进行整合,因势利导是强调守护为主,适当调整,这在以后的治理中仍然是适用的,也应该予以坚持。而系统治理不仅仅是对各方面航道问题的系统考虑,系统处理,还应包括对守护与调整两大类工程布局的系统考虑,即平面与立面上工程布局的系统考虑。因此,第二条原则可以确定为:"系统布局格局守护与浅滩治理两方面的工程措施,注重上下游平顺衔接,稳定有利河势,引导冲刷发展方向,趋利避害的发掘三峡工程下泄清水在长江中下游河段的航槽塑造能力。"

其三,循序渐进这一原则还应做含义上的扩展,循序渐进不仅仅是本期工程在施工期内对各滩段工程施工顺序的调整,还应体现以往整治经验中的分期实施这一原则,本期工程将为后续的治理奠定良好的基础,从长江中下游的治理历程来看,循序渐进更多的体现了根据河道自身条件,逐步开展治理这一理念,因此可以用远近结合的思想对循序渐进进行含义上的补充。因此,第三条原则可以确定为:"遵循河道自身的调整规律,循序渐进的实施航道治理,逐步实现库区与城陵矶以下航段的平顺衔接。"

其四,同时还应从响应时机、固滩稳槽的思路增加一条治理原则。对于中远期的治理而言,应"注重研究积累,强化时机判断,及时通过工程措施守护控制河道自然演变过程中出现的有利格局",这一原则是指针对沙质河段多变的特性而提出的,需通过密切的跟踪观测分析来贯彻落实。另外,在长河段系统治理中,应以复杂多变的重点浅滩为控制指标,一旦重点浅滩的格局好转,就应及时启动系统治理。

因此,长江中下游河段的系统整治原则可以确定为:

(1)统筹考虑工程治理效果与工程对长江中下游防洪、生态环境及其他水事权益的影响,主体工程配备必要的专项辅助工程,实现综合治理;

(2)系统布局格局守护与浅滩治理两方面的工程措施,注重上下游平顺衔接,稳定有利河势,引导冲刷发展方向,趋利避害的发掘三峡工程下泄清水在长江中下游河段的航槽塑造能力;

（3）遵循河道自身的调整规律，循序渐进的实施航道治理，逐步实现库区与城陵矶以下航段的平顺衔接；

（4）注重研究积累，强化时机判断，及时通过工程措施守护控制河道自然演变过程中出现的有利格局。

### 4.2.3　弯曲-分汊河段联动治理原则

河势调整对世界范围内的河流均产生深远影响。采取何种措施减弱或恢复河势调整带来的不利影响、维持河势稳定，一直是困扰内河航道治理的难题。上游河势调整向下游传递这一现象的指导意义在于，河势控制及整治工程布置应充分考虑上游河势变化，否则上游河势调整，整治工程可能因大幅淤积而失效或者因冲刷剧烈而失稳，工程达不到预期效果。因此，充分考虑上下游河势调整之间的关联性和规律性，减缓或者避免上游河势调整对整治河段的影响，在稳定河势工程中显得尤为重要。在非线性动力学理论、新水沙条件下滩槽演变及河道稳定性等研究的基础上，首次提出了将弯曲-分汊组合河段作为整体，进行联动治理，丰富了以往对河道演变规律的认识，提出了联动治理原则。具体如下：

（1）定量计算整治河段上下游联动指标，判断是否需要联动治理。首先对研究河段进行联动控制因素分析，并计算联动演变过程临界判别指标，分析整治河段上下游联动强弱。当研究河段满足强关联性河段组合判别条件时，需要将上下游河段作为整体，从上至下进行联动整治，保证上、下游河势平顺衔接。当研究河段判别指标满足阻隔性河段特征时，可考虑进行单滩治理。

（2）采用汊道河势稳定指标，结合非线性平面形态参数，选择通航主汊道及整治时机。

①基于本研究提出的河势稳定参数的量化表达式，将目标航道尺度结合河势稳定参数，判别各支汊稳定性，为选取通航主汊提供支撑。

②综合考虑汊道稳定性、航道承载力、技术可行性及外部约束条件等，确定通航主汊道。

③对于选定的通航主汊，基于河流非线性动力学理论研究成果，选取目标河型、整治时机，目标河型和理想航路的塑造以尽量符合天然河流几何形态为原则。

（3）对于无关联性或关联性弱的，应维持阻隔性特征，防止不利变化导致阻隔性消失或减弱。

当上游梯级水库修建等引起水沙条件突变时，可能引起凹岸大幅崩退、凸岸滩体大幅度萎缩等使得河道变得宽浅，原有的阻隔性逐渐减弱，应对这种变化应及时采取预防性措施。如三峡水库蓄水后，长江中下游含沙量锐减，受此影响，龙口河段凸岸边滩明显蚀退，河道展宽，可能向微弯分汊型发展，长期来看，这种变化不利于该河段阻隔性的保持，凸岸边滩及时守护显得尤为重要。

## 4.3　不同类型工程改善航道条件机理研究

各类型浅滩航道条件的改善均需要借助整治建筑物，或加强原有边界稳定性或重新塑造不可冲动的边界，进而调整水流结构。

航道整治工程的发展及长江中下游浅滩河段整治经验表明：在河道滩槽形态对通航有利或向优良条件方向转化过程中，可通过守护良好边滩或规模较小的控导工程稳定边滩保持有利的通航条件或促进航道向优良状态发展。为了扭转航道整治维护的被动局面,要在河段处于较优形势时就对其进行治理,使其能够长时间保持航道畅通。以整治工程对河势、流场干扰程度为原则,将航道整治工程分为守护型工程和调整型工程。

守护型与调整型两类工程最主要的区别表现在:整治建筑物的作用是守护外部边界、保持良好状态还是调整河道内部水沙分配及水流结构重塑航槽形态,根本上是整治参数的选取问题。守护型工程的工程有一定高度,但其高度是用厚度来表达,不是用高程来控制。调整型工程的工程高度是用高程来控制。

### 4.3.1　长江中下游工程整治建筑物型式

1.守护型整治工程型式

（1）护滩（底）带

①护滩（底）带平面布置。

荆江航道整治工程中已建护滩带平面布置主要有条状间断守护型、整体守护型。守护工程的功能大多是对低滩实施守护,固定边滩,加速边滩淤积,稳定航道的作用。

②护滩带局部冲刷。

研究表明,条状护滩带间滩面冲刷初期是由于滩面上的水流流速大于泥沙的起动流速所致,属于一般冲刷过程。由于护滩带的保护,冲刷仅发生在护滩带以外区域,在护滩带保护下的滩面尚未能产生冲刷变形。随着冲刷的发展,未受保护的滩面逐渐刷低,护滩带周边水流变的较为紊乱,加剧了其周边局部范围内河床的冲刷。特别是护滩带头部,因贴近护滩带边缘流速较大,紊动强度较大,冲刷比其他地方严重。护滩带头部较早出现局部冲刷变形,紧接着两侧也开始出现蛰陷,使护滩带相对突出于河床上。随着各护滩带之间滩面的继续冲刷降低,护滩带头部和两侧不断向下塌陷,中间受护滩带保护的滩面更加突出在床面之上,形成类似淹没丁坝的水流结构形式。这时滩面的冲刷除了一般冲刷之外,更重要的是漩涡水流作用造成的局部冲刷。一般在护滩带头部流速较大,所以,形成丁坝结构形式后,护滩带头部水流紊动强度更大,河床冲刷较强。由于坝前后形成的漩涡水流,不断地将床面泥沙卷起,并随水流带向下游,在漩涡水流的作用下,局部冲刷坑不断冲深加大。

各护滩带之间滩面的冲刷过程,是一般冲刷和漩涡作用下的局部冲刷伴随发生的过程。初期一般性冲刷占主导地位,后期漩涡作用下的局部冲刷起决定性作用。在流量恒定的情况下,漩涡水流的强度随着冲刷坑的加大而逐渐减弱,直至达到冲刷平衡为止。冲刷平衡后,若相邻两护滩带间距较大,可以明显看出靠近护滩带边缘的局部冲刷坑和中间出现的一般冲刷区。稳定状态下的护滩带冲刷变形最终会形成淹没式丁坝结构,在这种情况下,水流通过护滩带时,所出现水流结构形式与淹没丁坝基本相同。

③护滩带与水流适应性。

对于条状间断守护型护滩带来说,当横向护滩带与流向的交角大于90°时,经过冲刷后,滩面整体形态保持较好,各护滩带根部滩面冲刷较弱;当护滩带方向与流向交角小于90°时,即相当于下挑形式的护滩带,各护滩带之间滩面冲刷较为严重。所以,横向护滩带方向设计成大致与中水位流向正交或略向上挑是比较合适的。

整体守护型护滩带滩缘水流流态较为平稳,即使在滩缘发生冲刷变形后,护滩带边缘水流的紊乱程度远小于仅横向布置的条状护滩带,因而,在滩缘河床局部冲刷变形也较小,从总体来讲,其护滩效果优于仅横向布置的条状间断型护滩带。

④工程实例。

马家咀水道航道整治一期工程(图4-1)。在南星洲头至白渭洲之间修建两道护滩带(L#1护滩带和L#2护滩带),在左汊进口修建一道护底带(N#1护底带)。

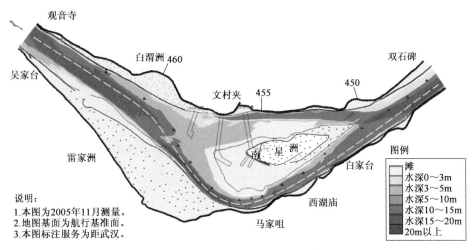

图4-1 马家咀水道航道整治一期工程河势图

左汊进口N#1护底带修建后,总体上处于淤积状态,根部淤积幅度达3m以上。但是受局部集中水流的作用,护底带下游侧形成跌水,在缩窄段靠近根部下游的护底排形成一较大冲刷坑,最大冲刷幅度约13m。在施工过程中对该冲刷坑进行了处理。工程实施后的观测表明,处理后的冲刷坑基本上保持稳定,没有继续扩大发展。

(2)护岸

①护岸周边水流运动特点。

近岸侧纵向水流较强,常常处于迎流顶冲或弯道凹岸部位。纵向水流决定着河道的纵向输沙和河道整体变形的强度。弯道凹岸或受水流作用较强的顺直岸段,多数时间内的近岸河床床面泥沙都处于起动、推移、扬动并由水流输向下游的状态。这里的水流挟沙能力均较大、处于非饱和状态,使近岸河床床面受到冲刷而造成相应的岸坡冲刷或崩岸。另外,弯道凹岸的水流对岸线的顶冲角较大,水流的环流也相对较强,与纵向水流一起形成螺旋流,使得迎流顶冲或弯道凹岸部位发生冲刷。

②岸坡守护型式。

护岸结构按断面形状可分为直立式、斜坡式、斜坡式与直立式组合的混合式结构型式三种。

③工程实例。

在窑监河段乌龟洲守护工程中,采用了平顺式护岸的型式对乌龟洲右缘中下段至尾部进行了守护。虽然乌龟洲为江心洲,但是乌龟洲右缘为窑监河段主航道的左边界,在一定程度上可以认为是窑监河段右汊主航道左边界的岸坡。下面就以窑监河段乌龟洲守护工程为例,对岸坡守护的工程效果进行介绍。

窑监河段航道整治一期工程重点解决了乌龟夹进口宽浅、枯季流路不明显和出口太和岭乱石堆碍航问题。

根据窑监河段航道治理总体思路,本河段的整治方案需分步实施,其洲滩形态需要逐步加以控制。一期工程实施后,窑监河段的洲滩形态并没有得到全面的控制,乌龟夹右缘中下段航道左边界不稳定,且一直处于冲刷崩退中。特别是2009年以来,乌龟夹右缘中下段冲刷崩退速度加快,下深槽主流摆幅加大、航槽不稳定,出口水流顶冲点上提,影响太和岭已有护岸工程的稳定,同时也影响下游大马洲水道的进流条件。为此,在2010年汛后对乌龟洲右缘中下段至洲尾的岸坡进行了守护。

此次护岸工程的上游与一期工程的乌龟洲洲头及右缘中上段护岸工程衔接,护岸长3892m,下游端部布置50m长衔接段。

图4-2 藕池口水道混合式护岸实景

乌龟洲守护工程进一步稳定和巩固了主航道左边界,稳定了窑监河段的出流条件,守护效果明显(图4-2)。

根据2013年2月测图,窑监河段枯水期水深超过5m,宽度超过150m。守护工程实施后的两届枯水期均达到了3.2m×80m×750m(水深×航宽×弯曲半径)的航道尺度,提高了航道通过能力和航运效益,降低了航道维护成本。

乌龟洲守护工程稳定了乌龟夹右缘中下段航道左边界,抑制了乌龟洲洲体的持续崩退,保持了洲体稳定,进一步巩固了以右汊为主汊的格局。有效的控制乌龟夹中下段展宽淤浅的趋势,减弱了乌龟夹下深槽主流摆幅,平顺了出口流态,出口航道条件得到改善。乌龟洲守护工程在一期工程的基础上,促使中槽发展成为绝对主槽,形成了稳定单一的主槽局面,河势条件有所改善。

乌龟洲守护工程上段正好处于弯道凹岸主流顶冲部位,长期处于水流顶冲和弯道环流淘刷的态势。另外,对岸新河口边滩中上段左缘向河心持续淤长,挤压乌龟夹中上段航槽,乌龟夹中上段河槽向窄深方向发展,加剧了乌龟洲守护工程护底部位的冲刷,加剧了守护工程的不稳定。2012年汛后,守护工程上段约1000m范围抛石镇脚外的护底排区域呈现持续冲刷的变化。为防止不利冲刷变形的持续发展威胁守护工程的稳定,对冲刷部位采用了抛透水框架进行了维护。维护后,维护工程区地形整体抬高,冲刷现象得到遏止,效果较为明显。

2. 调整型整治工程型式

(1)丁(潜)坝

①平面布置。

丁坝平面布置型式均为条状间断型,具体又分为上挑、下挑和平顺型。功能既起到束窄枯水河宽,增大航深的作用,也起到防止滩面冲刷、加速边滩淤积的作用。

②丁坝与水流适应性。

丁坝上游产生局部壅水,水流绕过丁坝头部时水位急剧下降,坝下至回流末端水面呈逆坡,回流末端稍下一段水位略高于对岸。丁坝对岸一侧,上游有较小的逆坡,下游有一段较陡的顺坡,其后水面比降较缓并有可能出现逆坡。非淹没丁坝纵向水面线变化和淹没丁坝纵向水面线变化基本相同。在流量和水位相同时,在丁坝所在一侧壅水高度随坝长和流量的加大而增大。

对于非淹没丁坝,水流流向丁坝时受丁坝壅阻,比降逐渐减小,流速降低,在丁坝上游附近形成一个闭合的回流区(也称滞流区),一般称为上回流区。接近丁坝时出现反比降,迫使水流流向河心,绕过坝头下泄。水流绕过丁坝后在惯性力的作用下,发生流线分离和水流进一步收缩现象,水流在丁坝后部就形成了一个闭合的回流区,一般称为坝后回流区。回流区中不平衡的压力和流速分布,导致丁坝下游形成向槽壁运动的近底螺旋流。

对于淹没丁坝,水流明显地被坝体分成面流和底流两部分。坝顶以上的面流基本上保持原水流方向不变,坝顶以下的底流,从上游绕过坝顶,在坝下形成一个很强的水平轴回流区。这个平轴旋涡体系可以将坝下游回流区底沙卷向上游,使丁坝背水面边坡淤积;同时,底流还因坝头平面绕流,像非淹没丁坝一样存在一个竖轴绕流旋涡,形成底流的下游竖轴回流区,因受面流牵制较非淹没丁坝的下游回流大为削弱。

③工程实例。

周天河段航道整治控导工程(图4-3)。在周公堤水道进口左岸九华寺一带建 Z1#~Z5#潜丁坝,主要作用是限制枯季主流左摆下移,维持周公堤水道的上过渡形式;在周公堤心滩左侧串沟内建 Z6#、Z7#潜丁坝。

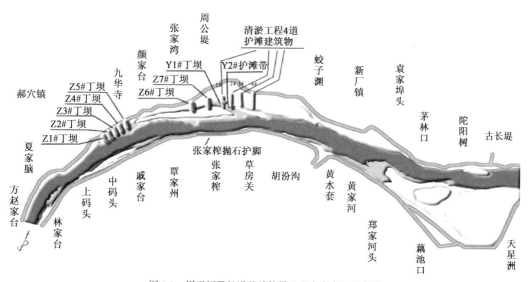

图4-3　周天河段航道整治控导工程方案布置示意图

工程后(2008 年 3 月),周公堤心滩出现一定幅度的冲刷后退,Z6#潜丁坝坝头余排的排体边缘局部形成陡坎,部分混凝土块和压载块石移动或滑落、排垫出露。为了确保工程安全,对该部位设计水位以上采用了铺石埋坡,平顺局部地形,避免排布暴露。设计水位以下采用了抛枕补坡和护脚的维修措施。维修实施以后,经过 1 个水文年的考验,Z6#潜丁坝坝头余排保持了稳定,确保了 Z6#潜丁坝功能的发挥。

(2)鱼骨坝

①鱼骨坝布置特点。

鱼骨坝是一种布置型式较为复杂的鱼嘴建筑物,一般由顺水流方向的脊坝和垂直于脊坝轴线的多条刺坝组成。脊坝主要用于分流、分沙和归顺水流方向,刺坝可调节环流的运动,并增强坝体的稳定。鱼骨坝有整体护滩形式的,也有具有一定高度坝体。

②鱼骨坝周边水流运动特点。

非淹没情况下,鱼骨坝坝体部分出露。水流在行进过程中,随着与坝体距离的接近,流场逐渐出现变化,水流顺脊坝分流,分为两股水流绕刺坝继续前行,在距坝尾下游一定距离水流汇合。刺坝坝田间出现回流。随着流量的变化,流速的大小和流向上的偏移程度会有所不同,但流场形态基本一致。

淹没情况下的流场情况基本上与非淹没时类似,不同的是水体没有间断,水流在脊坝附近部分水流发生偏移,部分水流翻越各条刺坝,在距坝尾下游一定距离与绕刺坝行进的水流汇合。刺坝坝田间出现回流。随着流量的变化,流速的大小和流向上的偏移程度会有所不同。

③鱼骨坝与水流适应性分析。

从鱼骨坝的水力特性试验可知,刺坝坝头附近的水流紊动明显。一般刺坝的迎流面水位较高,坝轴线处水位最低、流速较大,各刺坝坝头的流速梯度较大,并存在下沉水流;越接近坝头,纵向、横向和垂向流速的量值相当。因而,各刺坝坝头在较大流速梯度和垂向流速的作用下,容易遭受破坏,特别是最后一条刺坝坝头受到的水流作用最明显,更容易遭受到水流的剥蚀。因此,刺坝坝头遭受到的破坏来自两个方面,一方面是坝头流速梯度和垂向流速较大,坝面块石直接受到水流对其的剥蚀,另一方面坝头流速较大,并在沿坝头面向下的下沉水流作用下,容易形成坝头冲刷坑,坝头冲刷坑的发展将使得坝体基础失稳,从而加剧坝体的破坏。

④工程实例。

窑监河段航道整治一期工程(图4-4)。在乌龟洲洲头心滩建设由1道心滩滩脊护滩带(LH1#)、2道横向护滩带(LH2#~LH3#)和3道横向鱼刺坝(LB4#~LB6#)组成的鱼骨坝。

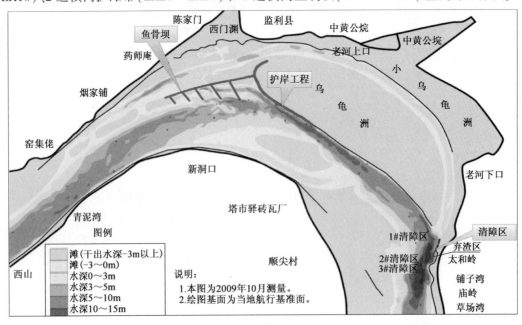

图4-4 窑监河段航道整治一期工程河势图

LB4#~LB6#刺坝修建后,上游水流行进至丁坝时,在坝前分成两部分:一部分直接绕过坝头,另一部分在坝前受阻变为螺旋水流长期冲刷床面,并直接绕过坝脚向下游扩散,坝头及其下游不可避免的形成很大的冲刷坑。另外LB4#~LB6#刺坝头部处于塑造弯道凹岸的航道左边界,长期受水流的顶冲。在2011年汛后,LB4#~LB6#刺坝头部的护底带区域及河心侧的坝田区存在一次程度的冲刷,其中坝头护底带区域冲刷幅度超过4m。为了防止不利冲刷变形的持续发展威胁建筑物的稳定,对LB4#~LB6#刺坝头部相关冲刷区域采用了透水框架群进行维护。维护后,除坝头坝体下游外侧发生一定冲刷外,坝上游侧冲刷现象得到遏止,河床多表现为淤积。

## 4.3.2 守护型整治工程改善航道条件机理研究

经过长江干线长期的航道整治实践,目前形成了关于如何开展长江干线航道整治(尤其是针对三峡蓄水后初期出现的一些不利变化)治理理念。以长江中下游已实施的航道整治工程为例进行介绍,2000年以来,特别是三峡水库蓄水后,长江中下游单一弯曲河段/弯曲分汊河段进行了重点水道关键部位的整治工程,包括枝江-江口、沙市、瓦口子、马家咀、周天、藕石矶和窑监、戴家洲、牯牛沙等多个河段的已建或在建航道整治工程。其中多处整治部位采用护滩带、护底带、护岸等控导工程,如藕池口水道航道整治一期工程包括三大部分:南岸天星洲护岸工程和天星洲护滩工程;藕池口心滩护岸工程;北岸沙埠矶护岸工程和陀阳树边滩护滩工程。通过一系列长江干线的航道整治实践,认为在三峡工程正常运行的条件下进行长江航道治理,守护控制有利的洲滩形态更为重要,也更为有效,河流自身塑造的洲滩更能顺应水流的运动特点,洲滩得到稳定后,"清水下泄"就能较好的发挥其冲槽作用,从而改善航道条件。

综上所述,长江中下游由于防洪与航道整治工程矛盾突出,不宜采用渠化方式或缩窄河道的方式进行航道整治。经过十余年的探索,在长江中游航道整治中形成了新的治理理念,即在三峡清水下泄条件下,实施以守护洲滩为目的的控导工程来获得更大的航道尺度。并且一系列的工程实践已经证明了守护型控导工程在实践中可以满足航道尺度要求,但控导工程实现航道条件改善的动力机制,以及内在原因在理论上的完整表述尚缺乏。本研究运用河流动力学理论,从理论层面上探索守护型控导工程实现航道治理目标的内在原因及合理性,推求了航道水深目标和极限冲深的定量表达式,揭示了长江中游弯曲段航道整治新理念经验性认识合理性的内在机理。

### 4.3.2.1 守护型控导工程合理性探讨

#### 1. 冲刷重建平衡过程的河道变化规律

水库修建后,坝上游来水来沙条件未发生改变,但河段出口边界条件发生了重大的变化;坝下游河床边界条件未发生改变,而河段进口来水来沙条件却发生了重大变化,二者均使原先平衡被打破,进入一个再造床的漫长岁月。水库上游重建平衡是以淤积来实现的,最终将实现淤积平衡;而下游重建平衡是以冲刷来实现的,最终将实现冲刷平衡。淤积平衡要求水流条件增强,冲刷平衡要求水流条件减弱,截然相反。

淤积平衡既要悬移质淤积达到平衡,也要推移质淤积达到平衡,对于平原河流,由于悬移质输沙量远大于推移质,只要悬移质淤积达到平衡,就可以认为是淤积平衡;冲刷平衡则不然,因为冲刷使床沙粗化而不可悬,只存在唯一的推移质冲刷平衡。

推移质冲刷平衡实际是一种静平衡,即冲刷至极限平衡时床沙不再运动,即床沙不动,推移质输沙率为0。在恒定均匀流条件下可表示为:

$$U - U_c \leq 0 \tag{4-1}$$

式中,$U$ 为断面平均流速(m/s);$U_c$ 为床沙起动流速(m/s)。

以水流连续方程、运动方程(曼宁公式)及沙莫夫公式代入式(4-1)可得:

$$(Q/B)^{6/7} J/n^2 \leq KD^{20/21} \tag{4-2}$$

式中,$Q$ 为流量(m³/s);$B$ 为河宽(m);$J$ 为能坡;$D$ 为床沙粒径(m);$n$ 为包括沙粒和形态阻力在内的综合糙率;$K$ 为系数,水平床面 $K=77.4$,逆坡或沙波迎水面 $K>77.4$。

若只用连续方程代入式(4-1)则可得:

$$Q/BH^{7/6} \leq K'D^{1/3} \tag{4-3}$$

式中,$H$ 为断面平均水深(m),是 $n$ 和 $J$ 的函数,$n$ 愈大、$J$ 愈小、$H$ 愈大;$K'$ 为与 $K$ 相类似的系数。

坝下冲刷重建平衡河流体系内各种要素都要发生调整,调整的目标是满足式(4-2)或式(4-3)。式中 $Q$ 为流域加诸的外在因素,其余 $B$、$H$、$D$、$n$、$J$ 都是内在因素,是可调的,各要素既有独立性,又相互依存,调整极其复杂多样,既有个性又有共性,其中 $B$、$H$、$D$ 是调整的基本要素,$n$、$J$ 潜于 $H$ 之中。

由式(4-3)可知,对于坝下冲刷重建平衡过程的河道来说,河宽 $B$、平均水深 $H$、床沙粒径 $D$ 处于不断地调整之中。在这一调整过程中,为了达到增加水深 $h$ 的目的,可以采用人工干预的措施控制其他两个因素(河宽 $B$ 和床沙粒径 $D$)的可变范围。这其中,控制河宽的变化是最有效,也最能实现的措施。

2. 冲刷前后航深的变化

运动河流动力学理论,将河道进行概化,图 4-5 即为河道断面示意图,虚线为概化断面。图中,$B_0$ 为河宽,$B$ 为深槽宽度,$h_n$ 为滩上水深,$h_p$ 为造床流量下的深槽水深,$H$ 为深槽水深与滩上水深之差(规划航道尺度下)。在长江中游航道整治中,为了适应目前三峡蓄水后来沙量锐减、河道向宽浅方向发展的趋势,采取了守滩冲槽的治理思路。在这种思路下,深槽宽度 $B$ 可以认为是整治线宽度,整治水位一般为滩面高程,$H$ 可以认为是规划航深。

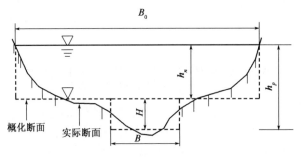

图 4-5　河道断面示意图

根据 Williams 和 Wloman 的统计,美国 21 座水库中 9 座水库的坝下河道起冲至稳定一般需要 10~20 年,其中最短的是密苏里兰德尔坝下游约 5 年,最长的是密苏里河加里森坝下游冲刷 22 年还未见稳定。根据已有长系列计算成果,长江中游荆江河段自三峡蓄水后需

30~40年的时间方能达到最大冲刷。目前荆江河段河床仍处在持续冲刷过程中,由于河床下切的同时,河床展宽,同水位河床过水面积增大,同流量水位下降,航深增减如何要看水位降落如何。

为了重点分析冲刷前后航深的变化,将深槽部分水位降落与河床调整关系概化为图4-6所示模型,图中$\zeta$、$B$、$H$、$Z$及$J$为水位、河宽、水深、河底高程及比降,其中脚标"1"表示整治前,脚标"2"表示整治后;$\Delta\zeta$及$\Delta Z$为水位降落值及河床平均冲刷深度。

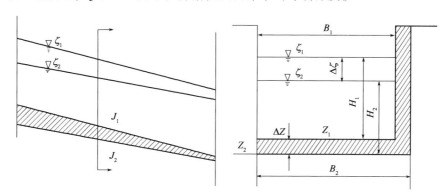

图4-6　河床下切水位降落示意图

如图4-6所示,由水流连续方程可写出:

$$B_1 H_1 U_1 = B_2 H_2 U_2 \tag{4-4}$$

式中,$U$为河槽断面平均流速,脚标"1"表示整治前,脚标"2"表示整治后。

将曼宁公式代入式(4-4),可得:

$$H_2 = \left[\frac{B_1}{B_2}\left(\frac{J_1}{J_2}\right)^{1/2}\frac{n_2}{n_1}\right]^{0.6} H_1 \tag{4-5}$$

式中,$n$为糙率,脚标"1"表示整治前,脚标"2"表示整治后。

整治水位下,同流量水位下降值为:

$$\Delta\zeta = \zeta_2 - \zeta_1 = H_1\left\{1 - \left[\frac{B_1}{B_2}\left(\frac{J_1}{J_2}\right)^{1/2}\frac{n_2}{n_1}\right]^{0.6}\right\} + \Delta Z \tag{4-6}$$

假定冲刷前水深$H_1$满足航深要求,则根据式(4-6)可知冲刷后仍能满足,甚至有富余的必要条件为:

$$\Delta\zeta - \Delta z = H_1\left\{1 - \left[\frac{B_1}{B_2}\left(\frac{J_1}{J_2}\right)^{1/2}\frac{n_2}{n_1}\right]^{0.6}\right\} \leqslant 0 \tag{4-7}$$

### 3. 参数变化特点

#### (1)糙率调整

水库下泄清水后,下游河道持续冲刷,床沙级配不断发生调整,床沙粗化是河床糙率的制约性因素。河床的糙率由两部分组成,一部分是沙粒阻力(肤面阻力),另一部分是沙波阻力(形态阻力)。对于卵石夹沙河床,河床粗化后,粒径大为增加,沙粒阻力增大,粗化程度越高,增大幅度也越大;对于细沙,河床粗化后变成中粗沙,冲刷后又由于断面形态调整,流速降低,常处于低能态,易于形成沙波,糙率大为增加。则有:

$$\frac{n_2}{n_1} > 1 \qquad (4\text{-}8)$$

（2）比降调整

坝下河道河床冲刷一般具有坝下近距离河段冲刷最为剧烈，冲刷量随离坝距离增加而减小的特征。水库运行初期坝下游冲刷幅度较大，随着水库运行，冲刷逐渐向下游发展。因而，一般情况下，坝下河道纵向比降总体变缓，则有：

$$\frac{J_1}{J_2} > 1 \qquad (4\text{-}9)$$

将式（4-8）和式（4-9）代入到式（4-7）中可得到：

$$\frac{B_2}{B_1} \leqslant \left(\frac{J_1}{J_2}\right)^{1/2} \frac{n_2}{n_1} \qquad (4\text{-}10)$$

取 $B_2 \approx B_1$ 偏于安全。

由此可见，在三峡清水冲刷的前提下，通过守护关键可动洲滩，就能保持 $B_2 \approx B_1$，只要控制航槽不向两侧展宽，同时控制航槽内低矮的洲滩不被冲蚀，使得清水冲刷只能向纵向发展，就能够达到增加航深的目的。在坝下河道达到冲刷平衡前，随着冲刷历时增大，航深不断增大，即便冲刷前水深稍有不足，冲刷后也必能满足式（4-7）的要求。这也就解释了守护型控导工程可以实现航道改善的原因，即守护工程通过对河床横向变形的控制，减小洲塌滩冲横向补沙、加大浅区纵向清水冲刷，从而为浅区水深持续渐进式改善提供边界条件，对恢复平衡过程中的坝下河段可变洲滩的平面守控可以实现传统的立体式调整型航道整治工程类同效果。

4. 实例分析

以长江中游荆江藕池口水道和太平口河段弯道段整治工程为例，采用本书提出的方法计算这两处弯段自守护关键可动洲滩后工程区航深的变化值。

藕池口左槽、太平口左汊工程区河段整治前（分别为 2010 年、2006 年）及整治后（分别为 2013 年、2011 年）平均实测断面及概化断面见图 4-7、图 4-8。由图可见，藕池口左槽工程区河段整治前航深约为 5.4m，整治后至 2013 年航深约为 7.9m。太平口左汊工程区河段整治前航深约为 3.5m，整治后至 2011 年航深约为 5.3m。

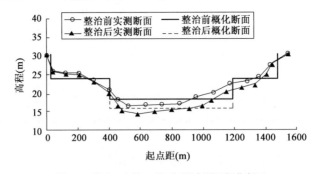

图 4-7　藕池口左槽工程区河段实测及概化断面

根据荆江河段实测资料，对于藕池口左槽，整治前（2010 年）枯水比降 $J_1$ 约为 0.36‰，糙率 $n_1$ 约为 0.022；河道经过冲刷后，河段比降变缓，糙率增大，至 2013 年，$J_2$ 约为 0.25‰，$n_2$ 约为 0.026。对于太平口左汊，整治前（2006 年）枯水比降 $J_1$ 约为 0.39‰，糙率 $n_1$ 约为 0.02；至

2011 年，$J_2$ 约为 0.27‰，$n_2$ 约为 0.024。由实测断面经过概化可知，藕池口左槽 $H_1 = 5.4\text{m}$，太平口左汊 $H_1 = 3.5\text{m}$，代入式(4-7)得到航深增加值 $\Delta H$ 及冲刷后航深 $H_2$ 为：

对于藕池口左槽：

$$\Delta H = -(\Delta \zeta - \Delta z) = -H_1 \left\{ 1 - \left[ \frac{B_1}{B_2} \left( \frac{J_1}{J_2} \right)^{1/2} \frac{n_2}{n_1} \right]^{0.6} \right\} = 2.3$$

$$H_2 = H_1 + \Delta H = 5.2 + 2.3 = 7.7$$

对于太平口左汊：

$$\Delta H = -(\Delta \zeta - \Delta z) = -H_1 \left\{ 1 - \left[ \frac{B_1}{B_2} \left( \frac{J_1}{J_2} \right)^{1/2} \frac{n_2}{n_1} \right]^{0.6} \right\} = 1.55$$

$$H_2 = H_1 + \Delta H = 3.5 + 1.55 = 5.05$$

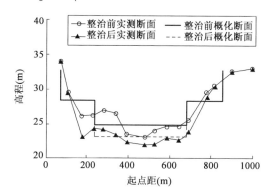

图 4-8 太平口左汊工程区河段实测及概化断面

根据计算结果，藕池口左槽和太平口左汊工程区河段在实施守护工程后，航道尺度分别提高了 2.3m 和 1.55m，2013 年藕池口左槽工程区河段的航深能达到 7.7m，2011 年太平口左汊工程区河段的航深能达到 5.05m。可见，本理论模型计算得到的航深变化值与实测断面概化后得到的航深变化值基本一致。此外还可以看出，通过守护洲滩，引导清水冲刷而得到的航道尺度的提高值受到河段自身基本要素($H_1$, $n_1$, $J_1$)的制约，当坝下河段再造床达到新的平衡状态后，河段要素经调整后稳定，守护型工程强度将无法满足更高的规划的航道尺度要求，而必须依靠进攻型工程整治措施。

### 4.3.2.2 守护型控导工程航道水深目标的定量表达

**1.航道水深表达式**

推移质冲刷平衡实际是一种静平衡，即冲刷至极限平衡时床沙不再运动，即床沙不动，推移质输沙率为 0。将冲刷极限平衡条件下的水深及河宽定义为平衡水深及平衡河宽。在恒定均匀流条件下可表示为式(4-11)：$U - U_c \leq 0$，式中：$U$ 为断面平均流速(m/s)；$U_c$ 为床沙止动流速(m/s)。

曼宁公式

$$U = \frac{1}{n} R^{2/3} J^{1/2} \tag{4-11}$$

式中，$R$ 为断面水力半径(m)；$J$ 为能坡；$n$ 为糙率。

止冲流速

$$U_c = K \sqrt{\frac{\gamma_s - \gamma}{\gamma} gD} \left(\frac{R}{D}\right)^{1/6} \tag{4-12}$$

式中，$\gamma_s$ 为泥沙比重；$\gamma$ 为水的比重；$D$ 为泥沙粒径；$g$ 为重力加速度。

令 $n = \frac{1}{A} D^{1/6}$，$A$ 为常数。

在临界状态时，联解式(4-1)、(4-11)、(4-12)，可得：

$$\frac{\gamma RJ}{(\gamma_s - \gamma)D} = \left(\frac{K}{A}\right)^2 g \tag{4-13}$$

令 $\left(\frac{K}{A}\right)^2 g (\gamma_s - \gamma) D = \tau_c$，$\tau_c$ 为床沙临界起动剪力。式(4-13)即为

$$\tau = \tau_c \tag{4-14}$$

其中 $\tau = \gamma RJ$，为床沙的止动拖曳力。

此即由剪力表示的床沙、临界止动条件，$\tau_c$ 为临界止动拖曳力。由此可见，无论是用流量还是用剪力床沙、止动条件都是一致的。

就床沙起动而言，Shields 起动拖曳力公式为：

$$\frac{\tau_c}{(\gamma_s - \gamma)D} = f\left(\frac{U_* D}{\gamma}\right) = 0.04 \sim 0.06 \tag{4-15}$$

式中，$U_*$ 为摩阻流速。

床沙起动时床面平整，取 $A = 20$，$K = 1.14$（沙莫夫公式系数），则

$$\left(\frac{K}{A}\right)^2 g = 0.0318 < 0.04 \sim 0.06 \tag{4-16}$$

表明 $A$ 及 $K$ 取值可能不确切。床沙止动时，床面并不平整，$A$ 及 $K$ 更需由试验确定。

由式(4-13)得冲刷平衡时水力半径为

$$R = 16.17 \left(\frac{K}{A}\right)^2 D/J \tag{4-17}$$

对于弯道段，认为河床底质均匀，冲刷平衡时形成 U 形断面，有 $R = \frac{B \cdot H}{B + 2H}$，守护工程实施前后河宽相等，即：$B \approx B_1$，得到航深目标表达式为：

$$H = 16.17 \left(\frac{K}{A}\right)^2 \frac{D}{J} B_1 / \left[B - 32.34 \left(\frac{K}{A}\right)^2 \frac{D}{J} B_1\right] \tag{4-18}$$

2. 平衡冲刷试验

(1)试验设计

本试验在天科所大型水动力试验基地多功能变坡水槽中进行，该水槽的规格为：长 83m，宽 1.0m，高 0.8m，最大水深 0.7m，变坡范围为 0～1%，浑水的浓度为 150kg/m³。主要的供水加沙测控系统包括水槽三维仿真综合控制程序、供水加沙处理程序和测量控制程序等部分，变坡水槽的表面精度为 1mm，该系统全部采用计算机智能化控制，不需要任何人工调整。

(2)试验过程

①试验段长 20m，位于水槽中段，铺沙厚 10cm，进、出口段设 10%及 60%坡度的过渡段与

槽底相接。

②铺沙粒径分别为 0.5、0.7 两种,各备沙样约 3m³。

③试验初期(开始后)、末期(止冲)测水位、流速、水深。水位在试验段每 1.0m 设一把水尺并向上、下游各延伸 10m。流速测位设在进口下游 1m 处,过程中适当加测,并观测尾部沉沙速度及沉沙量。

(3)试验结果

共进行了 8 组次试验,试验中分别对流量、水深、水位、止动流速进行了测量,有关水力要素列于表 4-1。

试验水力要素及结果　　　　　　　　表 4-1

| 试验组次 | 粒径 D (mm) | 流量 Q (m³/s) | 止动流速 $U_c$ (m/s) | 平衡水深 H (cm) | 坡降 J (‰) | K | A |
|---|---|---|---|---|---|---|---|
| Run1 | 0.5 | 0.015 | 0.216 | 18.53 | 0.140 | 0.897 | 15.827 |
| Run2 | 0.5 | 0.021 | 0.236 | 24.59 | 0.150 | 0.934 | 13.835 |
| Run3 | 0.5 | 0.028 | 0.280 | 28.42 | 0.155 | 1.082 | 14.662 |
| Run4 | 0.5 | 0.031 | 0.252 | 35.90 | 0.155 | 0.937 | 11.293 |
| Run5 | 0.7 | 0.015 | 0.281 | 17.73 | 0.200 | 1.050 | 18.766 |
| Run6 | 0.7 | 0.021 | 0.244 | 17.13 | 0.200 | 0.917 | 16.673 |
| Run7 | 0.7 | 0.028 | 0.289 | 28.22 | 0.200 | 1.000 | 14.158 |
| Run8 | 0.7 | 0.031 | 0.223 | 34.31 | 0.135 | 0.747 | 11.673 |

根据连续方程,有:

$$Q = BHU = BHU_c = BHK\sqrt{\frac{\gamma_s - \gamma}{\gamma}gD}\left(\frac{R}{D}\right)^{1/6} = 4.02KHR^{1/6}D^{1/3}B \qquad (4\text{-}19)$$

将各组试验数据代入式(4-19)计算系数 K,再将试验数据及 K 代入式(4-18)计算得到系数 A,计算结果列于表 4-1。

将各组次 K 和 A 求平均值(见图 4-9),得到试验率定值:K = 0.946,A = 14.611。

代入式(4-16):$\left(\frac{K}{A}\right)^2 g = 0.0411$,满足不平整床面止动条件。

将 K = 0.946,A = 14.611 代入式(4-18),得限制性的守护工程实施后可达到的航深目标表达式:

$$H = 0.0678\frac{D}{J}B_1 \Big/ \left(B - 0.136\frac{D}{J}B_1\right) \qquad (4\text{-}20)$$

### 4.3.3　调整型整治工程造床机理及水毁特性分析

#### 4.3.3.1　调整型工程造床机理研究

各类型浅滩航道条件的改善均需要借助整治建筑物,或加强原有边界稳定性或重新塑造不可冲动的边界,进而调整水流结构。

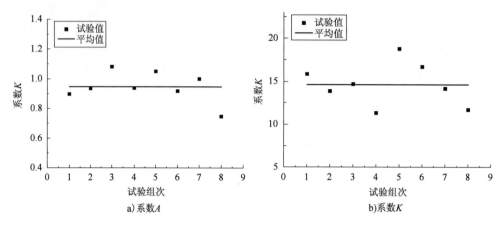

图4-9 平衡水深试验系数率定值

航道整治工程的发展及长江中下游浅滩河段整治经验表明:在河道滩槽形态对通航有利或向优良条件方向转化过程中,可通过守护良好边滩或规模较小的控导工程稳定边滩保持有利的通航条件或促进航道向优良状态发展。为了扭转航道整治维护的被动局面,要在河段处于较优形势时就对其进行治理,使其能够长时间保持航道畅通。以整治工程对河势、流场干扰程度为原则,将航道整治工程分为守护型工程和调整型工程。

丁坝是一种应用广泛的调整型工程,在航道整治中发挥着重要的作用。丁坝是一种常用的整治建筑物,其坝根与河岸或顺坝连接,坝头伸向河心,坝轴线与水流的方向正交或斜交,在平面上与河岸构成丁字形,形成横向阻水的整治建筑物。其功能主要是固定整治线、调整河道宽度,控制水流并增加行槽的流速,使河床产生适量的冲刷,以达到增深航道之目的。

4.3.3.1.1 丁坝对流场的作用

通过水槽试验主要研究丁坝的回流长度和丁坝断面垂线平均流速的分布规律。通过试验解释定床水槽丁坝回流长度偏离的主要原因。

1. 水槽预备试验

(1)水槽及仪器设备

水槽为矩形,长42m,宽2.5m,高0.9m。水槽试验的流量由电池流量计控制,尾门由水位控制,水槽两侧布设有水尺,观测水位;槽上设有活动测流架,观测流速。

(2)水槽的率定试验

在进行丁坝方案试验之前,进行了预备试验。以论证水槽的各项性能是否满足试验要求。进而确定水槽的各项水力指标。预备试验的结果表明,水槽两侧的水位是吻合的;矩形槽中垂线平均流速断面分布在不受边壁影响范围内是均匀分布的;抛物线形断面垂线平均流速呈对称分布。符合证实试验要求。

糙率计算采用的是曼宁公式:

$$n = \frac{1}{U} R^{2/3} J_e^{1/2} \tag{4-21}$$

式中,$U$ 为流速,m/s;$R$ 为水力半径,m;$J_e$ 为能坡。

在未达到均匀流时能坡的计算采用下式:

$$J_e = J_o + (J_b - J_o)\frac{U^2}{gH} \tag{4-22}$$

用曼宁公式求出的糙率为综合糙率。为消除边壁的影响,底部糙率可用张友龄公式计算:

$$n_b = n_R\left[1 + \frac{2H}{B}\left(1 - \frac{n_w^{3/2}}{n_R^{3/2}}\right)\right]^{2/3} \tag{4-23}$$

式中,$n_b$ 为槽底糙率系数;$n_R$ 为综合糙率系数;$n_w$ 为槽壁的糙率系数;$H$ 为在矩形槽中的水沙,在抛物线型断面时为淹没于水流中侧壁高度。

矩形光底和糙率、抛物线型断面槽底的各项水力指标见表 4-2。

水槽水力特性计算表 表 4-2

| 加糙情况 | $B$<br>(cm) | $Q$<br>(L/s) | $H$<br>(cm) | $R$<br>(cm) | $U$<br>(cm/s) | $J_b$<br>($10^{-4}$) | $J_o$<br>($10^{-4}$) | $J_e$<br>($10^{-4}$) | $n_R$ | $n_b$ |
|---|---|---|---|---|---|---|---|---|---|---|
| 水泥光面 | 250 | 25 | 4.15 | 4 | 24.1 | 5 | 5.62 | 5.53 | 0.0114 | 0.0114 |
| | 250 | 50 | 6.39 | 6.08 | 31.3 | 5 | 5.23 | 5.16 | 0.0112 | 0.0112 |
| | 250 | 75 | 7.94 | 7.46 | 37.78 | 5 | 5.74 | 5.48 | 0.011 | 0.011 |
| | 250 | 100 | 9.29 | 8.65 | 43.06 | 5 | 5.23 | 5.19 | 0.0111 | 0.0111 |
| 碎石平铺 | 250 | 25 | 6.64 | 6.31 | 15.06 | 5 | 5.42 | 5.41 | 0.0244 | 0.0251 |
| | 250 | 50 | 10.14 | 9.38 | 19.72 | 5 | 5.13 | 5.12 | 0.0236 | 0.0246 |
| | 250 | 75 | 13.38 | 12.09 | 22.42 | 5 | 4.97 | 4.97 | 0.0243 | 0.0255 |
| | 250 | 100 | 15.77 | 14 | 25.36 | 5 | 4.6 | 4.62 | 0.0228 | 0.0241 |
| 抛物线碎石铺面<br>$y = 0.000055x^3$ | 250 | 25 | 6.81 | 6.36 | 15.53 | 5 | 4.81 | 4.82 | 0.0225 | 0.0225 |
| | 250 | 50 | 0.77 | 8.44 | 20.46 | 5 | 5.1 | 5.1 | 0.0212 | 0.0213 |
| | 250 | 75 | 12.38 | 10.51 | 24.23 | 5 | 5.34 | 5.32 | 0.0212 | 0.0215 |
| | 250 | 100 | 15.14 | 12.61 | 26.41 | 5 | 4.89 | 4.9 | 0.0211 | 0.0216 |

2. 丁坝水槽试验

(1)丁坝绕流的力学机理

定床试验中的丁坝采用的是薄型平板式,当丁坝置于水流中,水流的流场及压力场均发生变化,图 4-10 是丁坝绕流示意图。利用河道平面水流的运动方程来定性描述丁坝绕流的力学机理:

$$i_x = \frac{1}{g}\left(U_x\frac{\partial U_x}{\partial x} + U_y\frac{\partial U_x}{\partial y} + \frac{gU_x^2}{C^2H}\right) \tag{4-24}$$

$$i_y = \frac{1}{g}\left(U_x\frac{\partial U_y}{\partial x} + U_y\frac{\partial U_y}{\partial y} + \frac{gU_y^2}{C^2H}\right) \tag{4-25}$$

在丁坝上游,由于丁坝的阻挡作用,水流偏离丁坝一侧,挤压主流,产生横向流速 $U_y$,继而有横比降存在,产生环流,这种横轴环流同平面上由于流线弯曲在丁坝上游产生的纵轴环流就形成螺旋流,这种螺旋流通过

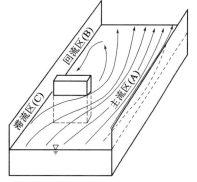

图 4-10 丁坝绕流示意图

坝头后就形成了在试验中观察到猝发性涡旋。由于横流环流的存在使丁坝上游丁坝一侧水面抬高,产生比较明显的壅水现象,在流量比较大的时候可以观察到有水流从底部翻起的现象。

(2)试验的主要成果

本次试验总共进行了44组单丁坝(正交水流)试验,变换丁坝压缩比(丁坝长度 $D$/河宽 $B$)、水深、流速、糙率、断面形态各单项因素,来分析各种因素对丁坝的回流域、流场及水面比降的影响,同时还进行了试验,借以了解两坝相互影响的情况。

①丁坝的回流长度。

丁坝的回流长度影响因素很复杂,试验结果表明,丁坝越长,回流长度越大;糙率越大,回流长度越短;丁坝的回流长度还同水深成正比(见图4-11、4-12);丁坝的回流长度除同上述各因素有关外,还同丁坝断面的流速分布有关,丁坝所压缩的流量越少回流长度越短。丁坝的压缩比不等于流量的压缩比,和矩形糙底同流量、同压缩比的丁坝回流长度比较,前者明显偏短,如 $Q=50\text{L/s}$,$D/B=0.1$,$L_{矩}=270\text{cm}$,$L_{抛}=190\text{cm}$。

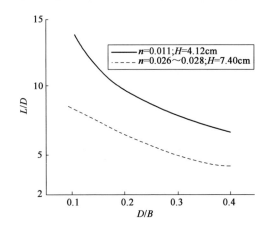

图4-11  相对回流长度同压缩比关系图    图4-12  相对回流长度同水深关系图

两坝试验观测的回流长度结果表明,一般下坝对上坝的影响很小,而上坝对下坝的回流影响甚巨,如 $Q=25\text{L/s}$,$D_1=D_2=25\text{cm}$,单坝的回流长度 $L=290\text{cm}$,当两坝间距 $D_L=300\text{cm}$(即下坝置于上坝的回流末端)时,$L_{下}=80\text{cm}$;当 $D_L=500\text{cm}$ 时,$L_{下}=250\text{cm}$;当 $D_L=1200\text{cm}$ 时,$L_{下}=280\text{cm}$,接近上坝回流长度,下坝的回流长度变化其本质在于上下坝对流场的影响而使下丁坝处于缓流区,因此下丁坝回流长度同上丁坝流场的恢复程度有关。

②丁坝对流速场的影响。

丁坝作用于水流,形成丁坝上游的小回流区和丁坝下游的大回流域,从而使丁坝上下游一定范围内的流速场发生显著变化,图4-13是 $Q=50\text{L/s}$ 时不同压缩比断面形态的垂线平均流速分布图,由图可见,丁坝对侧不受边壁影响处垂线平均流速随压缩比的增大而增大,在坝头附近垂线平均流速最大。图4-14是单丁坝作用下的流速场,由图可知,在回流域内,主流范围内的垂线平均流速变化很小;在回流末端以下,横向流速梯度 $\partial u/\partial y$ 逐渐减小,直至$(40\sim60)$ $D$ 时,$\partial u/\partial y=0$,丁坝对水流作用消失。

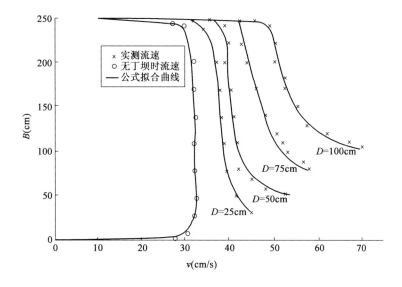

图 4-13 丁坝断面流速分布图(光底、矩形槽,$Q = 50\text{L/s}$)

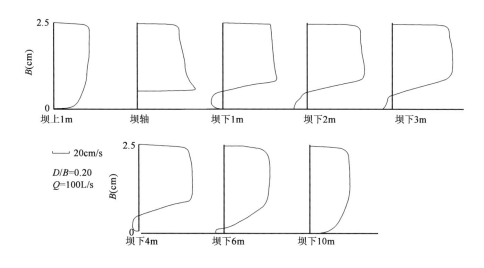

图 4-14 单丁坝作用下平面流速场

③丁坝作用下的水面比降。

丁坝作用于水流,阻挡一部分流量,使丁坝上游丁坝一侧的流线向偏离丁坝方向弯曲,而使局部水面壅高,水流的一部分动能转化为势能,当水流绕过坝头后,水面迅速跌落,丁坝上下游形成很大的水位落差。图 4-15 是 $Q = 100\text{L/s}$,$D = 5\text{cm}$ 时水位的沿程变化情况,丁坝上下游的水位落差为 2.3cm,在丁坝上游丁坝对侧的水位低于丁坝一侧的水位,在丁坝下游丁坝一侧的水位低于对侧的水位,而且在回流域内水面基本持平。丁坝对侧的纵比降沿程有所变化,但水位始终是沿程下降的,而丁坝一侧的纵比降在回流末端范围内产生较大的倒比降,水位增高,再向下游两侧水位逐渐接近,直至流场恢复到均匀流时。

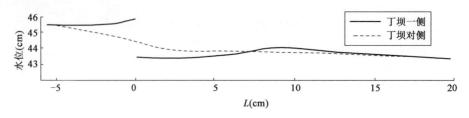

图4-15　丁坝作用下的水面线（$D/B = 0.3, Q = 100 \text{L/s}$）

#### 4.3.3.1.2　丁坝回流长度

（1）丁坝局部水头损失

前人对管道断面突然扩大的局部水头损失已经进行了精辟的研究,现将其沿用于明渠渐变流。

如图4-16所示,取$1-1$断面通过垂直丁坝的下游面,$2-2$断面在回流区下游流速分布接近恢复正常的部位。

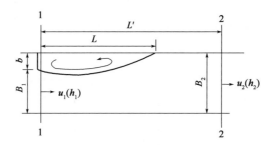

图4-16　丁坝回流示意图

两断面的能量方程为:

$$Z_1 + H_1 + \frac{\alpha_1 u_1^2}{2g} = Z_2 + H_2 + \frac{\alpha_2 u_2^2}{2g} + h_f + h_j \tag{4-26}$$

式中,$Z$、$H$及$u$分别为河底高程、水深及平均流速;$\alpha$为动能修正系数;脚标1、2表示断面序号;$h_f$为沿程水头损失;$h_j$为局部水头损失。

$1-1$断面和$2-2$断面间水体的动量方程为:

$$\frac{\gamma Q}{g}(\alpha_{02} u_2 - \alpha_{01} u_1) = \sum F \tag{4-27}$$

式中,$Q$为流量,$\gamma$为水的重率,$\alpha_{01}$及$\alpha_{02}$为$1-1$断面及$2-2$断面的动量修正系数,$\sum F$为作用在两断面间水体上外力(沿水流方向)的总和。

作用在流段上的外力分别为:

①重力在水流方向上的分力$G$

$$G = \gamma L' \frac{\omega_1 + \omega_2}{2} J_b = \gamma B \overline{H}(Z_1 - Z_2) \tag{4-28}$$

式中,$L'$为流段长度;$J_b$为河床纵坡;$\omega_1$为$1-1$断面包括回流区在内的水体面积;$\omega_2$为$2-2$断面的水体面积;$B$为河宽;$\overline{H}$为河段平均水深。

②作用在流段上的水压力合力$P$,包括$1-1$断面、$2-2$断面上的水压力和回流区的侧向

压力在水流方向上的分力,即

$$P = \frac{1}{2}\gamma(H_1\omega_1 - H_2\omega_2) = \gamma B\bar{h}(H_1 - H_2) \tag{4-29}$$

③壁面摩擦阻力 $f$。所谓壁面摩擦阻力是指壁面附近的切向摩阻力,假定仍服从均匀流的特性,即有:

$$f = \tau \cdot \chi L' \approx \gamma RJ_e\chi L' = \gamma B\bar{h}h_f \tag{4-30}$$

式中,$\chi$ 为湿周,$R$ 为水力半径,$\tau$ 为壁面切应力,$J_e$ 为能坡。

外力在水流方向上的总和为:

$$\sum F = G + P - f \tag{4-31}$$

联解式(4-6)和(4-7),并假定 $\alpha_1 = \alpha_2 = \alpha_{01} = \alpha_{02} = 1$,可得:

$$h_j = \left(\frac{\omega_2}{\omega_1} - 1\right)\left(\frac{\omega_2}{\omega_1} - 2\frac{h_2}{\bar{h}} + 1\right)\frac{u_2^2}{2g} \tag{4-32}$$

式中,$\omega_1 = (B - b)H_1$ 为 1—1 断面的过水面积,$b$ 为丁坝有效(在水流方向上的投影)长度,$\bar{h}$ 为 1、2 断面的平均水深。

对于均匀流,$H_2 = H_1$,则式(4-5)即为:

$$h_j = \left(\frac{\omega_2}{\omega_1} - 1\right)^2\frac{u_2^2}{2g} \tag{4-33}$$

(2)回流长度

①丁坝局部损失阻力系数。

局部水头损失是在 $L'$ 长度范围内发生的,式(4-33)只给出了损失的总量,未给出 $L'$ 的长短,研究回流 $L$ 长度需另辟蹊径。

局部损失主要是由于液体边界几何形状发生突然改变而引起的,它和沿程损失的物理本质完全一样,都是由于液体内部各部分间或各流层间相对运动所产生的内摩阻而形成的。丁坝修建后,坝下水流与侧壁分离,形成极度紊乱的侧向回流区,并伴有波动、振荡和撞击,产生大量能耗,主流区动能越大、断面收缩比。回流强度越强、范围愈大,能耗也愈大。回流区的下游,虽回流已经消失,但水流结构恢复到均匀流状态尚需一个过程,也需要一定能耗。试验表明,在坝下 3~4 倍回流长度以远流速分布方可恢复正常。此外,主流区的底部还会有壁面摩阻,因在 $L'$ 范围内为非均匀流动,其壁面摩阻与均匀流并不等价,但该摩阻源于壁面,应与均匀流一样是水流雷诺数和壁面粗糙度的函数。

因此,决定丁坝局部水头损失的主要因素应有:流速水头 $\left(\frac{u_1 + u_2}{2}\right)^2 \cdot \frac{1}{2g}$;丁坝对断面的压缩比 $\eta = \left(\frac{\omega_2 - \omega_1}{\omega_2}\right)$;河段长度 $L'$;水流雷诺数 $Re\left(Re = \frac{u_1 H_1}{\nu},\nu\right.$ 为水流运动黏性系数);河床相对糙率 $\frac{n}{h^{1/6}}$($n$ 为曼宁系数)。这些因素与局部水头损失之间的关系难以完全用理论分析来确定,参照沿程水头损失表达式的确定方法,可得:

$$h_j = f\left(\eta, Re, \frac{n}{h^{1/6}}\right)\frac{L'}{4H}\left(\frac{u_1 + u_2}{2}\right)^2 \cdot \frac{1}{2g} \tag{4-34}$$

考虑到局部水头损失主要集中在回流长度 $L$ 的范围内,且 $L'$ 与 $L$ 成一定比例,故上式可进一步改写为:

$$h_j = \lambda_j \frac{L}{4H} \left(\frac{u_1 + u_2}{2}\right)^2 \Big/ 2g \tag{4-35}$$

式中,$\lambda_j = f\left(\eta, \mathrm{Re}, \dfrac{n}{H^{1/6}}\right)$ 为局部阻力系数。式(4-35)和式(4-36)等价,由此可得:

$$\lambda_j = \frac{4H}{L} \left(\frac{\eta}{1 - 0.5\eta}\right)^2 \tag{4-36}$$

根据矩形水槽试验资料,对由式(4-36)求得的 $\lambda_j$ 值与有关参数进行相关分析,得:

$$\lambda_j = 0.025 \eta^{1.5} \mathrm{Re}^{0.44} \left(\frac{\eta}{H^{1/6}}\right)^{1.1} \tag{4-37}$$

式(4-37)的计算值 $\lambda_{jc}$ 与式(4-36)的计算值 $\lambda_{jr}$ 相比如图4-17所示。由图4-17可见,二者吻合良好。式(4-37)表明,$\lambda_j$ 随 $\mathrm{Re}$ 及 $\dfrac{n}{H^{1/6}}$ 增大而增大,与沿程阻力系数 $\lambda_f$ 在水力过渡区的变化规律在定性上是一致的。同样也随 $\mathrm{Re}$ 进一步增大而进入"粗糙区",在粗糙区 $\lambda_j$ 不再是 $\mathrm{Re}$ 的函数,而是趋于一个恒定的最大值。进入粗糙区的临界雷诺数 $\mathrm{Re}_k$ 应是相对糙率 $\dfrac{n}{H^{1/6}}$ 的函数,$\dfrac{n}{H^{1/6}}$ 越大,$\mathrm{Re}_k$ 越小。

②矩形断面单丁坝回流长度。

在均匀流条件下,联解式(4-36)和式(4-37),可得回流长度计算公式:

$$L = 160 \left(\frac{1}{1 - 0.5\eta}\right)^2 \eta^{0.5} \left(\frac{H^{1/6}}{n}\right)^{1.1} \mathrm{Re}^{-0.44} H \tag{4-38}$$

由水槽试验,用式(4-38)计算值 $L_c$ 与实测值 $L_r$ 比较如图4-18所示。由图可见,二者吻合良好。

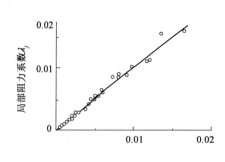

图4-17　式(4-37)计算值与实测值比较

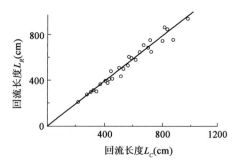

图4-18　式(4-38)计算值与实测值比较

③抛物线形河底单丁坝回流长度。

丁坝回流长度与平面流速分布有关,流速分布越均匀回流长度越大。抛物线形河底水流较集中,流速分布不均匀,回流长度较短。水槽试验利用抛物线形河底进行了12组水槽试验,槽底轴线半侧方程为:

$$y = 0.003x^2 + 0.0016x \tag{4-39}$$

试验资料按式(4-39)整理得:

$$L = 135 \left( \frac{1}{1 - 0.5\eta} \right)^2 \eta^{0.5} \left( \frac{\overline{H}^{1/6}}{n} \right)^{1.1} Re^{-0.44} \overline{H} \tag{4-40}$$

式中,$\overline{H}$ 为丁坝断面和回流末端断面的平均水深。

式(4-40)的计算值与实测值相比,见图4-18。由图可见,二者吻合较好。式(4-40)与式(4-38)相比,仅仅系数略有差别。表明式(4-38)是普遍适用的,其系数是断面形态亦即是平面流速分布的函数。

丁坝回流长度计算式用来计算丁坝的间距时,还涉及一个有效坝长的问题。天然河流的断面形态一般多为U形或V形,而丁坝多建于两岸岸边,因此用丁坝的压缩比来进行计算显然不合理。这在抛物线型断面和两坝的回流长度试验中得到证实。建议采用流量压缩比代替丁坝长度的压缩比。即:

$$\frac{D}{B} = \frac{Q_D}{Q} \tag{4-41}$$

式中,$Q_D$ 为丁坝阻挡的流量,$Q$ 为总流量。

第二条丁坝应置于第一条回流长度的2/3处,才不至于出现主流绕进坝田的现象,即:

$$D_L = \frac{2}{3}L \tag{4-42}$$

式中,$D_L$ 为丁坝间距,$L$ 为第一条丁坝回流长度。

#### 4.3.3.1.3 丁坝断面的垂线平均流速分布

在河槽中修筑丁坝,引起了流速场的调整变化,丁坝断面的流速调整规律是航道整治工程中所关心的。以往通常是假定按某种规律将丁坝阻挡的流量 $Q_D$ 分配到河宽方向。在丁坝对侧不受边壁影响处的流速值是明显增加的,它是丁坝的压缩比和水深的函数,用数学关系可表达为:

$$\frac{U_1}{U_0} = f\left( \frac{D}{B}, \frac{H}{D} \right) \tag{4-43}$$

式中,$U_1$ 为建丁坝后丁坝对侧不受边壁影响处的流速;$U_0$ 为建丁坝前断面的平均流速。利用试验资料可建立下列关系式:

$$\frac{U_1}{U_0} = 1.806 \left( \frac{D}{B} \right)^{0.297} e^{0.291 \left( \frac{H}{D} \right)} \tag{4-44}$$

从丁坝断面垂线断面平均流速分布图4-13中可以看出,丁坝断面流速的二次增值(即实际某点的流速值 $U_y$ 与不受边壁影响处的流速值 $U_1$)呈现某种曲线分布,根据资料便可建立丁坝断面垂线平均流速沿宽度方向的计算式:

$$\frac{U_y}{U_0} = 1.806 \left( \frac{D}{B} \right)^{0.297} e^{0.291 \left( \frac{H}{D} \right)} \cdot 0.0758 e^{0.831 + 5.5 \left( \frac{D}{B} \right) \left( \frac{B-y}{B} \right)} - 0.1 \tag{4-45}$$

式中,$U_y$ 为距丁坝一侧岸边处距离为 $y$ 处的流速。

#### 4.3.3.1.4 丁坝作用下的河床调整

由于丁坝的束水作用使丁坝周围的河床发生冲刷,河床形态的改变反过来又对水流结果发生作用。在丁坝影响下水流与河床发生的相互作用,最终必然达到二者的相互协调与平衡。

恰当地应用丁坝引起的河床调整是一般整治工程所要达到的目的,而丁坝投标的局部冲刷一般对整治工程是不利的。冲刷坑的增大导致丁坝坝头处的水流动力轴线的过分弯曲,过大的流速必然导致局部冲刷坑增大,影响整治效果、危及建筑物的安全,在实际工程中常设法加以控制。丁坝引起的河床调整包括河床的普遍冲刷和坝头的局部冲刷,以及水流结构和河床调整的相互作用,在一定的来水来沙条件下将达到相对平衡。

为研究丁坝对河床的调整作用,进行了动床水槽试验。以汉江中游弯曲段作为原型,进行动床水槽的试验设计。

(1)水槽用沙的选配

水槽试验用沙的选择主要从河床可动性方面考虑,由于水槽流量比较集中,流速相对较大,因为决定采用天然沙－黄沙,并尽量使水槽中泥沙的活动下同汉江浅滩段大体相似。

(2)水槽动床试验流量过程的选择

天然河流流量的年际和年内变化是复杂的,参考汉江多年实测水文年流量过程并考虑水槽试验的特点,选择两个流量系列作为水槽试验的放水过程。

在模拟的浅滩地形上,放置一组丁坝,施放流量过程,得到冲刷后的地形,从而可建立 $B_2/B_1$ 和 $H_1/H_2$ 之间的关系。

1. 局部冲刷坑形成对回流长度的影响

在进行整治线宽度动床水槽试验之前,进行了局部冲刷坑的有关试验。

丁坝的局部冲刷坑(图4-19)是由于丁坝头出复杂流态形成的,而冲刷坑的形成和发展又反过来改变坝头区的流场以及涡旋的强度,因而也必然对丁坝的回流域产生影响。图4-20是局部冲刷坑对回流长度的影响随时间的变化情况。在冲刷坑发展初期,冲刷坑的深度发展很快,而平面尺度不大,对回流长度的影响不大;当冲刷坑深度继续增大,平面尺度也在不断增加,回流长度稳步缩短;当冲刷坑不再发展时,回流长度趋于稳定,一般只有 2～3 倍的坝长。为了分析是否由于局部冲刷造床坝田的局部淤积对回流长度的影响,我们将局部淤积体铲除,再放水试验,发现回流长度无明显变化。

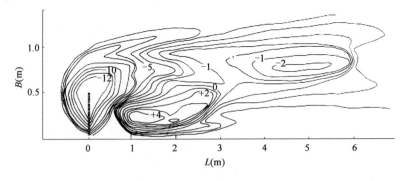

图4-19　丁坝局部冲刷坑等深线图

2. 对口丁坝群作用下的动床试验

在正式试验前,进行了预备试验,确定了丁坝的高度、各级流量下尾门控制水位及丁坝的布置。试验共进行了9组,其中流量系列Ⅰ是5组,流量系列Ⅱ是4组。每组试验坝位及坝高均不变,只变动坝长。试验之前和之后均观测了坝轴断面的地形资料,并测量了水位及少量组次的流速。表4-3是本次试验所取得的不同束窄比时相对冲深值。

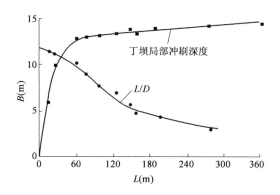

图4-20 局部冲刷坑对回流长度的影响($D/B=0.2$, $Q=50L/s$)

**动床水槽试验资料表** 表4-3

| 组 次 | | 1 号 | 2 号 | 3 号 | 4 号 | 5 号 | 6 号 | 7 号 |
|---|---|---|---|---|---|---|---|---|
| 1~1 | $B_2/B_1$ | 0.71 | 0.65 | 0.67 | 0.7 | 0.61 | 0.58 | 0.7 |
| | $H_1/H_2$ | 0.77 | 0.67 | 0.74 | 0.78 | 0.7 | 0.75 | 0.75 |
| 1~2 | $B_2/B_1$ | 0.52 | 0.44 | 0.47 | 0.45 | 0.42 | 0.43 | 0.44 |
| | $H_1/H_2$ | 0.64 | 0.58 | 0.64 | 0.53 | 0.56 | 0.55 | 0.66 |
| 1~3 | $B_2/B_1$ | 0.33 | 0.35 | 0.4 | 0.38 | 0.36 | 0.33 | 0.39 |
| | $H_1/H_2$ | 0.41 | 0.49 | 0.57 | 0.53 | 0.51 | 0.51 | 0.55 |
| 1~4 | $B_2/B_1$ | 0.529 | 0.544 | 0.527 | 0.512 | 0.607 | 0.644 | 0.688 |
| | $H_1/H_2$ | 0.697 | 0.681 | 0.68 | 0.673 | 0.668 | 0.778 | 0.793 |
| 1~5 | $B_2/B_1$ | 0.517 | 0.514 | 0.511 | 0.592 | 0.542 | 0.481 | 0.618 |
| | $H_1/H_2$ | 0.593 | 0.681 | 0.652 | 0.727 | 0.631 | 0.588 | 0.794 |
| 2~1 | $B_2/B_1$ | 0.557 | 0.663 | 0.597 | 0.592 | 0.707 | 0.676 | 0.54 |
| | $H_1/H_2$ | 0.678 | 0.744 | 0.702 | 0.657 | 0.789 | 0.783 | 0.68 |
| 2~2 | $B_2/B_1$ | 0.46 | 0.631 | 0.495 | 0.717 | 0.436 | 0.549 | 0.567 |
| | $H_1/H_2$ | 0.59 | 0.759 | 0.629 | 0.861 | 0.544 | 0.651 | 0.644 |
| 2~3 | $B_2/B_1$ | 0.462 | 0.484 | 0.497 | 0.636 | 0.539 | 0.542 | 0.502 |
| | $H_1/H_2$ | 0.578 | 0.592 | 0.602 | 0.698 | 0.676 | 0.641 | 0.619 |
| 2~4 | $B_2/B_1$ | 0.673 | 0.641 | 0.599 | 0.684 | 0.682 | 0.506 | 0.534 |
| | $H_1/H_2$ | 0.701 | 0.687 | 0.664 | 0.717 | 0.793 | 0.642 | 0.633 |

丁坝群束窄河床后,水流的过水面积减小,流速增大,产生普遍冲刷,在坝头附近还产生局部冲刷。当水位低于坝高时,即处于非淹没状态,由于水流较为集中,普遍冲刷十分显著,局部冲刷坑开始形成。当流量加大,水流淹没丁坝群,丁坝所控制的整治线内泥沙运动加剧,产生普遍冲刷,此时局部冲刷坑迅速加深扩大并趋于稳定。由于丁坝处于淹没状态,坝顶有水流越过,翻滚而下,淘刷丁坝下沿,在坝根附近也有局部冲刷。当流量继续加大,由于水流淹没丁坝的深度较大,主流区的流速相对减小,水位回落时,普遍冲刷仍在发展。试验所取得的资料见

表4-3。

#### 4.3.3.2 丁坝水毁机理及特性

（1）整治建筑物水毁原因分析

影响整治建筑物水毁的因素主要有水流泥沙动力、结构设计、工程施工、维护管理及人为破坏等因素。这些因素之间相互影响，相互作用，使整治建筑物受到不同程度的破坏。其中水流动力因素是导致整治建筑物水毁的重要原因。

①水流和泥沙动力因素。

ⓐ水流顶冲。

凡地处中洪水主流顶冲点上的整治建筑物，在汛期承受着很大的冲击力，在受力点处，局部集中冲刷是建筑物破坏的主要动力。破坏过程先是坝顶顶面出现单个或多个缺口剥落流失，形成小缺口，之后缺口扩散，坝体断裂，破坏越来越严重。

ⓑ横流冲刷。

导流顺坝、堵顺坝、封弯顺坝前沿，因受弯道环流的作用将背水坡坝体或坝基（多为砂卵石）淘空，致使坝体外侧失去支撑。坝体在自重作用下失去平衡坝塌陷破坏，此外，汊道进出口处和急流进口是横流发育的河段，在该位置修建的碛头坝和堵坝，承受着较强的横向冲刷，横比降越大，分流量越大，坝体承受的冲击力越强，破坏力越大。

ⓒ坝后冲刷。

丁坝、锁坝、堵顺坝迎背水坡前水位差值较大，一般为 $1\sim3m$，中水期坝后流速大，冲刷力强，坝后护坡块石常被急流剥落，坝基基脚常被淘空，失去支撑导致产生不均匀沉降或偏移，从而对整治建筑物上部结构产生破坏。

ⓓ滑坡体、泥石流冲毁整治建筑物。

当山洪暴发时，在一些陡峻山沟由于岩土丧失平衡稳定，或由于植被破坏，导致岩土瞬时凶猛地随暴雨急流下泄，形成极大的滑坡体、泥石流，对处在滑坡体、泥石流地区的整治建筑物将受到极大的损害甚至形成毁灭性的破坏。

ⓔ河床变形作用。

洪水期间，不仅是水流的破坏作用，而且水流中挟带的泥沙淤积河床，促使岸边再造，特别是在弯道处，泥沙堆积于凸岸，从而改变主流位置与方向，对凹岸产生极大的冲刷作用，从而加剧整治建筑物的破坏。

ⓕ推移底沙作用。

推移底沙颗粒较细，若推移时间长，与建筑物的相互作用激烈，建筑物砌体面层磨损严重，加剧了建筑物的破坏作用。

ⓖ漂浮物的撞击。

中、洪水期间，常有木材漂浮物顺流而下，这些漂浮物依赖于水流的水力作用，产生加速运动，形成强大的冲击力，整治建筑物在冲击力的作用下，砌体从顶部开始逐层剥落，出现断裂，从而出现溃缺。

ⓗ风、浪的作用。

在风力的作用下，建筑物石材风化现象较为常见；另外由于有风、洪水、船只等形成的波浪对建筑物产生拍击力，也会使建筑物结构的稳定性受到不利的影响。实际上，整个建筑物的破坏一般不是单一的因素形成的,大多是由于不同的各种因素组合形成的。

②结构设计因素。

结构设计因素对建筑物水毁的影响主要表现在:

ⓐ地处在急流顶冲点上的坝体和护脚棱体,因断面尺寸偏小,建筑物稳定性不够,导致建筑物出现水毁。

ⓑ坝位布置不当。实践证明,凡布置在汊道内的锁坝,建成后上下水位差大,受力大,稳定性极差;凡布置在中洪水主流上的丁坝和顺坝,因承受局部集中冲刷,在顶冲点处极容易出现破坏.

ⓒ坝根位置处理措施不当。特别是丁坝,其坝轴线与上游束水交角偏大,水流顶冲力相对较大,设计中未采取有效的坝根处理措施,从而产生坝根冲毁现象。

ⓓ坝根与自然河有规则岸坡的连接处设计纵坡偏缓,而使坝根顶部溢流时间提前,此时坝下无水垫消能,导致后坡冲刷,引起水毁。

③工程施工因素。

工程施工质量的好坏也是整治建筑物被冲毁的主要原因之一,主要有以下几点:

ⓐ在施工过程中,采用石料的质地、尺寸、重量、级配等不完全满足设计要求,耐磨性差,易风化水解。

ⓑ在施工中对坡脚的坡度、护坡厚度、护脚宽度未加严格控制。由于整治建筑物大多为抛石结构,结构较为松散,渗流量大,在急流冲击下,护坡和护脚块石容易被冲走而逐层剥落,最后解体。

④维护管理因素。

在整治工程完工后,需对整治建筑物进行维护性的整修方能保持其整体性和牢固性。但由于航道维护经费原因,对一些整治建筑物未能及时进行维护性整修,从而造成建筑物水毁。

⑤人为破坏因素。

随着城乡建设的发展,沿江村民为获取建材利益,汛后常在建筑物的坝根和坝基处挖沙,采卵石出售,甚至直接搬走坝面的条石,致使坝体松动而出现整体性破坏。

(2)丁坝水毁机理及破坏形式

对于丁坝的水毁机理,不同学者给出了不同的观点。

王平义等探讨了航道整治建筑物水毁灾害过程中各物相(固态、液态、气态)之间耦合破坏作用的特征,耦合作用物理模型及仿真模型的概念和关系,为深入研究整治建筑物水毁机理提供理论依据。并建立了物理模型与仿真模型。其中物理模型为

$$F = f[S,L,G,h(S,L),i(L,G),j(G,S),k(S,L,G)]$$

式中,$F$ 为异相耦合破坏作用力;$S$ 为固态灾害因子;$L$ 为液态灾害因子;$G$ 为气态灾害因子;$F$ 为异相耦合作用函数;$h$ 为固态、液态灾害因子耦合作用函数;$i$ 为液态、气态灾害因子耦合作用函数;$j$ 为气态、固态灾害因子耦合作用函数;$k$ 为固、液、气三相灾害因子耦合作用函数。

张玮提出的散抛石丁坝水毁形式为:按损毁部位大致可分为坝头损毁、坝身损毁、坝根损

毁以及整体损毁四类。坝头损毁多为基础冲刷导致损毁,其一般过程是:基础冲刷—边坡坍塌—坝顶坍塌。坝身损毁的形式较多,有些是坝身基础被冲刷导致坝体坍塌,此类损毁形式类似于坝头损毁;有些属坝面块石剥落滚失形成小缺口,继而又扩大冲深演变成大缺口;还有一些是水流直接冲刷背水坡,致使背水坡坍塌损毁。坝根损毁在山区河流散抛石坝中也不在少数,部分原因是坝根与岸坡接头处的砂卵石被冲刷而造成坍塌;有些是坝根段坝面块石逐个剥落移位,形成浅小缺口,日后逐渐扩大成大缺口;还有则是坝根处溢流直接冲刷基脚,基础被淘刷而损毁。坝体的整体损毁,往往是多种局部损毁因素共同组合作用在一起,或是单一损毁未得到及时修复而扩大蔓延所致。按损毁原因主要可分为直接损毁和间接损毁两类。直接损毁主要是由于散抛石坝护面块石粒径偏小,稳定重量不足,在受到中洪水主流、横向环流或斜向水流的强烈冲击时,坝体表面块石逐渐被水流冲移,形成缺口,继而扩大冲深,从而导致坝体的损毁。间接损毁主要起因于散抛石坝周边基础破坏,导致坝体损坏。有些散抛石坝经常会由于坝基(多为砂卵石)处理不当,导致坝体基础在水流作用下被淘空,使坝体外侧失去支撑或坝根衔接处形成缺口,而导致坝体损毁。

秦宗模提出的破坏机理是:第一步:由于坝体是抛在河床质较软的砂卵石上。河床质大部分是沙,卵石粒径较小,基础本身就很不稳定,对于丁坝,水流冲在坝体迎水坡上。一部分水流向上翻越坝顶,顺背水坡流下冲刷坝体背水坡坝脚的砂卵石,一部分水流顺迎水坡向下淘刷坝体迎水坡脚的砂卵石;对于顺坝,水流直接顺坝体迎水坡冲刷坝脚砂卵石,砂卵石被水流冲走后形成空洞,坝脚石塌向空洞;第二步:由于坝脚石向下塌,紧接着坝体边(迎水坡、背水坡)面石向下塌,抛石坝本身就是个松散体,如此不断发展,造成坝体垮塌,产生缺口,缺口越来越大,导致坝体毁坏。

有关实验及原型观测表明,丁坝根石在水流的冲击作用下有两种主要运动形式:一是随着冲刷的逐步发展,大量块石失稳向冲刷坑底塌落;二是水流的挟带力引起部分块石向下游或向冲刷坑底滚动。根石的这两种运动形式通称根石位移,第二种运动形式即为根石走失,是坝岸出险的重要原因之一。

根石走失主要有三种去向:一是在折冲水流的作用下沿坝面向冲刷坑底滚动,这部分块石一般块体较大,使丁坝根基加深加厚,下部坡度变缓,有利于丁坝稳定;二是沿丁坝挑流方向顺流而下,这部分块石一般块体较小;三是沿回流冲刷深槽分布,且在走失量和体积上沿程递减。

根石走失与水流流速、水深、块石粒径及断面形态等有关。流速越大,根石越容易走失;边坡系数越大,单个块石的稳定性越好,水深较大处的根石不易走失。

(3)丁坝受力分析

丁坝的存在使得周围的水流状况变得较为复杂。水流绕过丁坝头部时,其流线曲率、速度旋度的垂直分量都很大,因此水流绕坝头一定角度后边界层即发生分离,分离点以下,出现具有垂直螺旋转角速度较大的漩涡,漩涡区及其内部水流属于复杂的三维流态,其速度、流向和压力发生周期性脉动。漩涡的产生具有一定的能量,而运动的路径以及消灭过程都是随机的,所以丁坝下游在一个较大范围内水流流速、流向及水位脉动强度均较大,回流长度和宽度亦存在一定幅度的摆动。脉动压力是水流紊动反映在固体边界上的压强,它主要是水流强烈紊动所致,丁坝坝体周围的脉动压力则主要受漩涡和水面的波动所影响。脉动压力可大大加强瞬时水压力而导致坝头冲刷和坝体破坏。紊动水流的脉动流速遇到边界及其他障碍时,动能转化为压能,这是水流产生压力脉动的根本原因。当脉动流速随时间作紊乱的变化时,水流的脉动压力以及频率也随时间而变化。此外,脉动水流还可以沿泥沙和坝体的缝隙传播,使坝头区的泥沙在瞬时更易起动。所以水流的脉动压力是形成坝头冲刷坑和坝体破坏的一个重要原因。因此,弄清坝体受力的空间分布情况及其影响因素,对优化丁坝设计,防止丁坝水毁的发生十分重要。

王平义等通过试验数据的比较分析得出了丁坝坝体迎水面所受的动水总压力分布规律为相同水深情况下动水总压力沿坝体的纵轴线从坝根到坝头逐渐增大,坝头区动水总压力最大;同一断面情况下,沿垂直方向动水总压力随着水深的增加而增加,而且增加的速率要大于静水压力的增加速率。丁坝坝体迎水面所受的脉动压力分布规律为相同水深情况下脉动压力沿坝体的纵轴线从坝根到坝头逐渐增大,坝头区脉动压力最大;同一断面情况下,沿垂直方向脉动压力随着水深的增加而减小,坝顶附近的脉动压力最大;并且坝体迎水面所受的动水总压力和脉动压力与流量、水深、坝长以及底坡有关。动水总压力随着流量、水深、坝长和底坡的增加而增加,脉动压力随着流量、坝长和底坡的增加而增加,但脉动压力随水深的增加而减小。

(4)丁坝水毁特性模拟分析

对于丁坝水毁的研究,通常的手段包括水槽试验、河工模型和数值模拟,但前两者试验所需时间过长、造价较高、所获信息量相对较少,对流场特性了解很有限。三维数值模拟作为研究丁坝水毁的有效手段,已经在大多数工程问题中得到了应用。目前最常用的三维浅水模型已经在丁坝回流区的计算、水流特性分析等方面得到了普遍的应用。三维浅水模型是基于静压假设的,也就是模型中压力项用静压求解公式代替。很多学者和专家研究过静水压强假设下的三维浅水方程的数值解法,主要是由于这种模型在精细模拟大区域水流流动时的计算代价不高,对 PC 机的要求不高,且可以满足大部分的物理规律的认识精度需求。然而,丁坝水毁模拟分析需要对丁坝局部精细水流结构进行精确模拟分析,静压模型在这种地形变化剧烈、垂向加速度较大的问题时所得的结果还是不尽如人意的;且丁坝水毁的另一个重要原因是丁坝坝体的脉动压力变化,对于丁坝坝体压力分布的模拟,就必须要考虑应用非静压模型,非静压水流模型不仅可以更精确的模拟丁坝局部水流流态,而且可以准确模拟坝体压力的空间分布。

本报告基于非结构化网格求解的三维自由表面流动的非静压数值模型,采用有限差分法和有限体积法相结合的方法对控制方程在空间上进行离散,采用分步法求解压力泊松方程,使压力项分解为静水压力项和动水压力项来单独处理。对最常见的下挑扩大头勾头丁坝和正挑扩大头勾头丁坝,进行了丁坝坝顶刚好出现越流和丁坝没入水中两种工况下丁坝周边水流流态及压强分布的精细模拟,对丁坝周边水流结构和压强分布做了详细分析和比较,从流速、压强变化两个方面对丁坝水毁的机理进行阐述和探讨。

①计算条件。

模型在对水槽试验数据验证计算的基础上,模拟最常见两种丁坝的水流结构及压强分布情况。模拟的 2 种丁坝布置情况见图 4-21。数值模拟水槽长为 240m,宽 80m,坝高为 4m,坝顶宽为 3m,迎水坡为 1:1.5,背水坡为 1:2。模拟工况为两种,工况 1:进口流量 654.8m³/s,出口水位 3.23m,进口 $Re=8.13\times10^{6}$,进口 $Fr=0.295$;工况 2:进口流量 1366.1m³/s,出口水位

6.61m,进口 $Re = 1.7 \times 10^7$,进口 $Fr = 0.316$。工况 1 和工况 2 均为淹没流,其中工况 1 情况下丁坝坝顶刚好出现越流。下挑扩大头勾头丁坝附近平均网格尺度为 0.4m,整个计算域由24952 个三角形网格覆盖,垂向分 20 层;正挑扩大头勾头丁坝附近平均网格尺度为 0.4m,整个计算域由 23770 个三角形网格覆盖,垂向分 20 层。

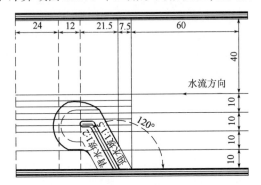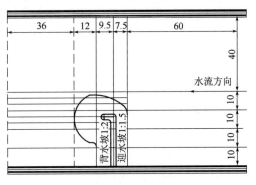

图 4-21　下挑扩大头勾头丁坝与正挑扩大头勾头丁坝平面布置(尺寸单位:m)

②丁坝周边流态模拟。

从丁坝周边表面水流、水平截面流场、垂直截面等方面进行分析。

ⓐ表面水流。2 种丁坝型式,各自 2 种工况下的三维表面流场如图 4-22 所示。由图可知,丁坝后的环流有两种形式,第一种形式为 2 种坝型均存在的紧贴坝后的小范围环流,称为临坝环流,其大小和环流方向与丁坝型式及流量大小有关。第二种形式为环流中心位于离开丁坝 2～2.5 倍丁坝长度处的范围较大的环流,称为离坝环流,它只存在于小流量级的丁坝后方。

临坝环流是由于坝前雍高的水流急速跌入坝后,因水黏性而产生的剪切力带动坝后水体流向底部,使下游水体向坝后补充,形成范围相对离坝环流为小的环流。下挑丁坝坝头在一定程度上顺应河道主流方向,加上坝后掩护空间相对正挑丁坝较小,使得坝头水流不能有效带动丁坝下游回流区水流而形成逆时针环流,反观坝尾越堤流要强于正挑丁坝,而该股水流方向沿河岸向下,促使顺时针环流的形成,正挑丁坝坝头、坝尾水动力状况与上述下调丁坝状况基本相反,形成逆时针方向临坝环流。离坝环流是由于丁坝挑流造成的下游回流区水体受到靠近河道中心区的主流剪切力作用而形成的,环流为逆时针方向且范围较大。离坝环流一般出现在流量较小时的非淹没丁坝或淹没程度不大的丁坝下游回流区,工况 1 流量下,2 种丁坝类型下游回流区均出现离坝环流,正挑丁坝类型离坝环流中心位置距丁坝较近且环流强度较弱。

ⓑ截面水流特性。水平截面流场取距底 0.2m 和 3m 两个高程的水平截面流场进行对比,两层流速矢量箭头分别用红色、绿色表示,将两层流速截面同时绘制在一幅图中进行比较,如图 4-23 所示。由图可知,工况 1 具有明显的平面环流,工况 2 环流现象不明显,显示出越堤流对抑制丁坝下游回流区的环流发生有重要作用;底部环流弱于表面环流;下挑丁坝坝后具有比正挑丁坝范围大的水平环流。

垂直截面流场分纵向、横向两种形式,纵向沿入流方向、横向沿垂直于入流方向。图 4-24

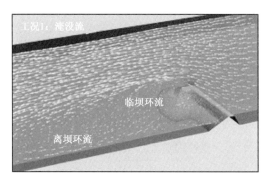
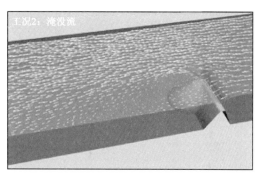
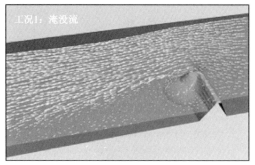

a)下挑扩大头勾头丁坝　　　　　　　　b)正挑扩大头勾头丁坝

图 4-22　两种坝型 2 种工况下表面流场分布图

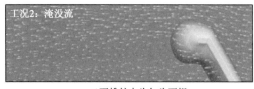

a)下挑扩大头勾头丁坝　　　　　　　　b)正挑扩大头勾头丁坝

图 4-23　两种坝型 2 种工况下水平截面流场分布图

为纵向垂直截面流场,自坝根向坝头排列三个垂直截面,称为坝根截面、坝中截面、坝头截面,流速矢量以白、绿、红三种不同颜色区分。由图 4-24 可以看出,各种坝型和工况下,坝根截面显示丁坝背水面具有较大的底部流速;对于正挑丁坝,各种工况下坝后回流区都具有明显垂向环流存在,流量越大,坝根垂向环流范围和强度也越大,但坝头和坝中垂向环流变弱甚至消失,显示出流量增大时,垂向环流被压制在靠近坝根的河岸一侧且强度增大。这是丁坝坝根易于水毁的原因之一。

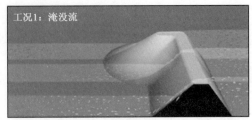

a)下挑扩大头勾头丁坝                    b)正挑扩大头勾头丁坝

图 4-24　两种坝型 2 种工况下纵向截面流场分布图

图 4-25 为横向垂直截面流场,自丁坝上游向下游排列三个垂直截面,称为上游截面、中间截面、下游截面,各种坝型及工况下,中间截面显示丁坝坝头处具有较大垂向流速,这是造成坝头冲刷的因素,是坝头水毁的重要原因之一。下游截面显示,正挑丁坝坝型下,坝后回流区有逆时针方向的垂向环流,下挑丁坝坝型下,坝后回流区有顺时针方向的垂向环流,在丁坝下游回流区存在较为复杂的螺旋流。

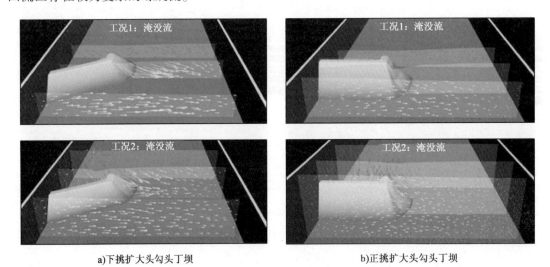

a)下挑扩大头勾头丁坝                    b)正挑扩大头勾头丁坝

图 4-25　两种坝型 2 种工况下横向垂直截面流场分布图

③丁坝周边压强变化模拟。

由于水体是不可压缩的,自由表面下的无压流体流动,其局部压强变化会立刻反映到水面变化上,即压强和水位变化是相适应的。因此对底部压强变化分析从两方面进行,一是将求解得到的底部总压强减去该点到水面的水深 $h$ 所能产生的静水压强 $\rho g h$,称之为动水压强;一是考虑各工况下游出口水位高程值 $Z_l$ 作为统一静压水面计算线,将底部求解得到的总压强减去 $Z_l$ 到该底部点所应该产生的静水压强值,称为附加压强。

图 4-26 为各坝型及工况下动水压强分布图,由图可知,坝头及丁坝背水侧与河床交界处具有较大正动水压强,预示着这些部位是水毁的主要区域,而工况 2 下丁坝背水侧靠近坝面位置处也存在较大的正动水压强,该位置也是丁坝水毁的主要部位。

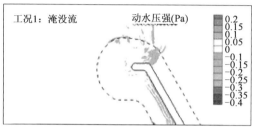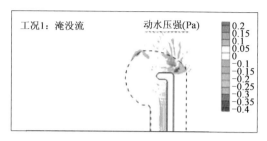

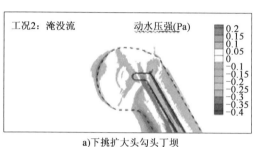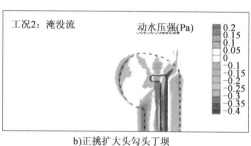

a)下挑扩大头勾头丁坝　　　　　　　　　　b)正挑扩大头勾头丁坝

图 4-26　两种坝型丁坝周边动水压强分布

图 4-27 是 2 种坝型在 2 种工况下的附加压强变化图,由于 2 种工况减去的静水压强值有所不同,所以显示的附加压强值只具有相对意义,各图附加压强大小分布代表了局部区域的增

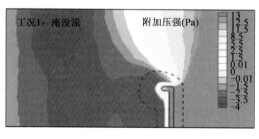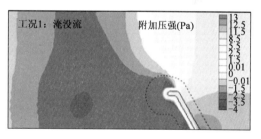

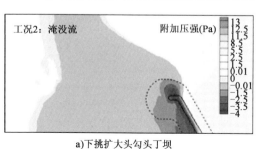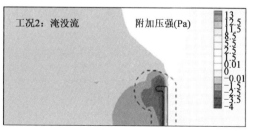

a)下挑扩大头勾头丁坝　　　　　　　　　　b)正挑扩大头勾头丁坝

图 4-27　两种坝型丁坝周边附加压强分布

压、减压,增压区为正压、减压区为负压。由图 4-24 可以看出,丁坝是分割正压负压区的分界区,丁坝前后压强变化十分剧烈。工况 1 条件下 2 种坝型坝根处坝前增压最大,坝后减压也较大。下挑扩大头勾头丁坝坝根处坝前增压最大值达 12.8Pa,坝后减压最大为 3.7Pa;正挑扩大头勾头丁坝坝根处坝前增压最大值达 13.2Pa,坝后减压最大为 4.1Pa;工况 2 条件下下挑扩大头勾头丁坝坝根处坝前增压最大值达 5.6Pa,坝后减压最大为 4.0Pa;正挑扩大头勾头丁坝坝根处坝前增压最大值达 6.8Pa,坝后减压最大为 3.9Pa;两种坝型坝根处坝前增压最大、坝后减压也最大,这使得丁坝根部坝前坝后受到的压力差最大,因此坝根受到破坏成为必然。坝头区也是增压和减压幅度较大的过渡区,坝头所受压力也较大,因此坝头也是易毁坏部位。大流量下的丁坝前后中间部位是较大增减压区域的过渡位置,减压最大的负压区位于临近坝顶的丁坝下游侧面,因此坝后靠近坝顶的部位成为大流量下易于发生水毁的位置。下挑丁坝结构在防水毁方面要优于正挑丁坝。

# 4.4 不同类型航道整治工程建筑物设计技术

## 4.4.1 边滩守护工程设计技术

### 4.4.1.1 典型边滩特征

(1)典型边滩形态特征

边滩一般位于缓流区并与水流基本同向或交角不大,中水时被淹没、枯水时露出水面并依附于河岸,根据边滩出现在河道中的部位分为三类:凸岸边滩,凹岸边滩,顺直边滩。

表 4-4 为长江中游荆江河段典型边滩的基本特征参数表。由表可见,边滩形态以顺直边滩居多,出现边滩处的河宽为 0.8 ~ 4.0km,边滩宽为 0.2 ~ 0.66km,边滩长为 0.6 ~ 6.2km,滩体长宽比变化 1.5 ~ 12.8,边滩引起的河宽压缩比为 0.12 ~ 0.39。

荆江河段重点水道的边滩基本特征参数表　　　　　　表 4-4

| 水道名称 | 水道长（km） | 水道宽（km） | 滩体名称 | 类型 | 滩体长（km） | 滩体宽（km） | 滩体高(当地基面,m) | 滩体长宽比（平均值） | 滩体压缩比（平均值） |
|---|---|---|---|---|---|---|---|---|---|
| 宜都水道 | 8 | 1.1 ~ 1.8 | 沙坎湾边滩 | 顺直 | 2.1 ~ 3.0 | 0.20 ~ 0.50 | 0 ~ 6.0 | 7.3 | 0.24 |
| 芦家河水道 | 12 | 1.0 ~ 2.2 | 羊家老边滩 | 微弯凸岸 | 0.6 ~ 0.8 | 0.27 ~ 0.66 | 0 ~ 5.9 | 1.5 | 0.29 |
| 马家咀水道 | 15 | 1.0 ~ 4.0 | 白渭洲边滩 | 顺直 | 2.1 ~ 3.0 | 0.20 ~ 0.40 | 0 ~ 6.0 | 8.5 | 0.12 |
| 周公堤水道 | 12 | 0.8 ~ 1.8 | 蛟子渊边滩 | 微弯凹岸 | 4.0 ~ 6.2 | 0.30 ~ 0.50 | 0 ~ 6.0 | 12.8 | 0.31 |
| 窑集脑水道 | 9 | 1.0 ~ 1.3 | 洋沟子边滩 | 顺直 | 3.0 ~ 6.0 | 0.30 ~ 0.60 | 0 ~ 5.9 | 10 | 0.39 |

(2)典型边滩的断面特征

图 4-28 和图 4-29 为荆江典型边滩断面特征图,表 4-5 为典型边坡统计情况表。由图表可见:滩体一般伴随深槽,深槽边坡较陡,而滩体坡度平缓。深槽边坡比一般在 1:2.5 ~ 1:5;滩体一般在 1:50 ~ 1:90。

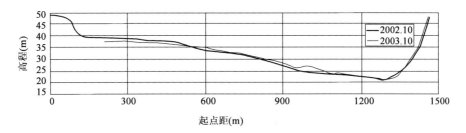

图4-28  荆3(枝城)横断面变化图

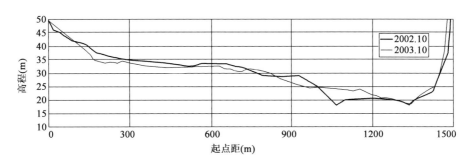

图4-29  荆7横断面变化图

典型边滩断面边坡统计情况表                          表4-5

| 序号 | 滩体平均坡比 | 深槽平均坡比 | 坡  比  比 |
|------|-----------|-----------|-----------|
| 1 | 1:54.48 | 1:4.37 | 12.46 |
| 2 | 1:86.92 | 1:2.47 | 35.14 |
| 3 | 1:52.48 | 1:2.99 | 17.54 |
| 4 | 1:91.91 | 1:3.01 | 30.56 |

#### 4.4.1.2  边滩守护措施平面设计

边滩多用护滩带和丁坝等整治建筑物的形式进行守护,平面布置和守护范围主要根据浅滩形态、水流和碍航特征、治理思路和目标初步确定,然后通过数学模型和物理模型试验对多组方案进行比较研究并优化出平面守护型式。根据河段不同的特点,边滩守护采用不同的型式:条状间断守护型、平顺护岸型、集中守护与间断守护结合型、整体守护型等。

(1)条状间断守护型。

对于以切割和平面冲刷为主的边滩,在工程实施以后护滩带周边可能会发生冲刷下沉,而守护的范围内仍维持原有的高程,从而使河床冲刷变形后,护滩带起到坝体的作用。因此,护滩带的布置参照丁坝间距(一般两坝间距与其上一条丁坝在过水断面上的有效投影长度有关,一般顺直河段取1.2~2.5倍的有效投影长度、凸岸为1.5~3.0倍的有效投影长度、凹岸为1.0~2.0倍的有效投影长度)进行布置成条状间断守护型,主要适用于控制主流横向摆动,且滩体变形以侧蚀为主的河段,如枝江水道张家桃园边滩守护工程、周天清淤应急工程、江口水道吴家渡边滩守护工程,碛子湾水道边滩守护工程等。

(2)平顺护岸型。

对于滩面高程较高、临水坡度较陡且以边脚冲蚀为主的高滩边滩,其护滩工程平面布置形式多与平顺护岸形式相同。如:在荆江河段昌门溪至熊家洲段整治工程中,对大马洲水道的丙寅洲高滩边滩、大马洲高滩边滩均采用了平顺式斜坡护岸对高滩进行了守护。

(3)集中守护与间断守护结合型。

对于同一滩体,因不同部位所处水流条件的不同,可以考虑集中守护与间断守护相结合的方式。在受到水流集中冲刷,且冲刷力度较大的部位,应采取集中守护的方式;而对于滩体所处水流强度较弱,且以边缘冲蚀为主,则可采取间断守护的方式。如:在荆江河段航道昌门溪至熊家洲段整治工程窑监河段的新河口边滩守护工程中,在新河口边滩头部布置6道护滩带,其中新河口边滩头部水流冲刷力度较强,因此前面四道为集中守护,而新河口边滩中段水流强度较弱,因此后面两道为间断式守护。护滩带主要起到控制新河口边滩滩头,稳定新河口边滩的作用,同时为下游大马洲水道创造稳定的入流条件(图4-30)。

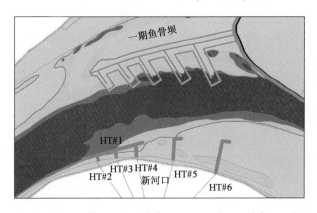

图4-30 窑监河段新河口边滩集中守护与间断守护结合型护滩

(4)整体守护型。对于流态复杂、流速较大的重要河段,必要时,可以对滩体进行整体守护。

#### 4.4.1.3 护滩(底)带垂向设计

(1)新水沙条件下边滩守护竖向设计原则

边滩守护的竖向设计原则,主要是由整治效果来决定。边滩多用护滩带和丁坝等整治建筑物的形式进行整治,因此分两种情况来考虑竖向设计原则:

①当护滩建筑物为丁坝时,坝顶没有坡度,坝顶高程则根据整治水位确定(如东流水道航道整治工程娘娘树丁坝群工程);

②当护滩建筑物为软体排护滩带时,根部为了防止水流切滩,需要护到岸边,头部则需要护到航槽边缘,主要是为了防止清水下泄侵蚀滩缘,造成航槽宽浅化。

(2)局部优化措施

通过研究枝江水道张家桃园边滩守护工程、周天清淤应急工程、江口水道吴家渡边滩守护工程、碾子湾水道边滩守护工程等工程守护情况,结合新水沙特点,提出新水沙条件下护滩垂向设计技术优化措施:

①系混凝土块软体排边缘水毁是由其固有的特性决定的,因此,不可能通过改进其本身结构及施工工艺解决这一问题。

②预埋块石可随着水流冲刷向下滚落,对坡面形成保护,能较好地防止软体排边缘免遭破

坏变形。

③边坡陡于1:1.5,其长期稳定性较差的护滩带边缘采取"预埋 + 块石"方式处理,设计中应根据冲刷幅度来设计预埋块石量。

④护滩带边缘采取"预埋 + 块石"方式在一定范围内可作为今后护滩带设计采用,建议使用部位为:护滩带上游边缘侧,冲刷强度较弱的部位。

### 4.4.2 江心洲(滩)守护工程设计技术

#### 4.4.2.1 典型江心洲(滩)特征

表4-6为荆江河段重点水道江心洲基本特征表。由表及相关研究可知:

(1)江心洲洲头水下延伸一般伴随着洲头低滩。洲头低滩基本特征为,位于分流扩散区,头部坡度较缓,尾部较陡,呈前低后高状。滩体与洲体连接有的紧密,有的因存在串沟处于半分离状态,如长江窑监水道乌龟洲洲头低滩、马家咀水道南星洲头低滩等。洲头低滩形态与两汊的演变相关,一般来讲,洲头低滩头部偏向哪一汊,则该汊趋于衰退。

(2)心滩(潜洲)基本特征为,一般位于放宽河道内,有的比较稳定,有的不稳定。稳定心滩一般位于非主流区,低矮平缓,较完整。不稳定心滩一般位于洪枯水流路变化较大的主流线变动区,如长江太平口水道三八滩等。

**荆江河段重点水道滩体基本特征一览表**　　　　表4-6

| 水道名称 | 水道长(km) | 滩体名称 | 平面形态 | 心滩类型 | 滩体长(km) | 滩体宽(km) | 滩体高(当地基面,m) | 河宽变化率 | 河宽收缩比 | 滩体长宽比(平均值) |
|---|---|---|---|---|---|---|---|---|---|---|
| 太平口水道 | 22 | 三八滩 | 微弯分汊 | 切割型独立型 | 2.6 ~ 4.4 | 0.42 ~ 2.13 | 0 ~ 11.7 | 2.33 | 0.19 ~ 0.58 | 4.1 |
| 马家咀水道 | 15 | 南星洲 | 微弯分汊 | 沉积型独立型 | 3.2 ~ 4.65 | 1.0 ~ 1.56 | 0 ~ 10.0 | | | |
| 藕池口水道 | 10 | 倒口窑心滩 | 顺直分汊 | 沉积型独立型 | 1.2 ~ 2.7 | 0.13 ~ 0.5 | 0 ~ 4.5 | 1.55 | 0.07 | 6.2 |
| 窑监河段 | 16 | 乌龟洲洲头低滩 | 弯曲分汊 | 沉积型洲头心滩 | 1.3 ~ 3.4 | 0.4 ~ 0.8 | 0 ~ 7.30 | 2.15 | 0.30 | 3.9 |
| 周公堤水道 | 12 | 茅林口滩 | 顺直 | 沉积型独立型 | | | | 1.27 | 0.55 | 5.7 |

#### 4.4.2.2 江心洲(滩)守护措施平面设计

江心洲(滩)的洲(滩)头的整治,常采用鱼嘴型护滩带进行防御型守护,稳定洲头,防止高大的江心洲冲低、冲散;对于洲(滩)顶高程较高、临水坡度较陡且以边脚冲蚀为主的洲(滩),必要时还需要采取护岸措施,以稳定河势。或在鱼嘴型护滩带的基础上,通过在洲头采用顺坝进行进攻型守护,使得散乱江心洲(滩)连成一体形成较为完整的洲滩形态,并起拦截横流,调整水流流向的作用;对于江心洲(滩)的汊道进口段低矮的浅滩,常采用鱼骨型护滩带或鱼骨坝的型式加高心滩、束窄河道,引导水流冲深航槽,并起稳定航道边界的作用,或将心滩视作边滩,用几座丁坝使其与对岸相连,固滩与堵汊并举。对于卵石或沙卵石河床,如浅区床沙粒径较粗,冲刷较难时,宜同时进行基建性疏浚。对于洲(滩)尾或汊道尾部应建洲(滩)尾顺坝,调顺洲尾河段的水流,消除汊道水流在洲尾的相互干扰,削弱洲尾横向漫流,减小汇流角,减小相互对冲、顶托等不良影响,增强浅区冲刷能力。

江心洲(滩)守护平面布置中的鱼嘴型护滩带或者其他的形式均可以分解成几个结构组成,各部分的守护结构与边滩守护的平面布置型式基本相同,即条状间断守护型、平顺护岸型以及集中守护与间断守护结合型、整体守护型四种型式组成。

(1)条状间断守护型

间距参照丁坝间距布置。

如枝江水道水陆洲右缘守护工程:垂直水流布置三道间断守护的护滩带对水陆洲右缘边滩进行守护。工程起维持水陆洲现有较为高大完整有利的滩形,并起束窄过水断面,使水陆洲右汊水流平顺,改善水流流态,并在一定程度上控制上游水位的降幅(图4-31)。

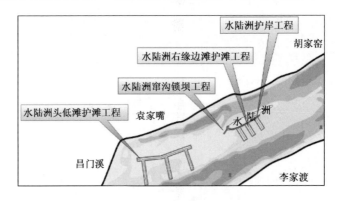

图4-31 枝江水道水陆洲及洲头低滩江心洲(滩)守护

(2)平顺护岸型

平顺护岸型与斜坡式护岸基本一致,主要是守护最高和最低区域的确定,陆上护坡、枯水平台、水下护底和水下补坡四个部分。与施工水位同一高程设有一枯水平台,枯水平台以上为陆上护坡,以下为水下护底和水下补坡。

对于顶高程较高、临水坡度较陡且以边脚冲蚀为主的江心洲(滩),其护滩工程平面布置形式多与平顺护岸形式相同。荆江河段江心洲(滩)一般地处无人居住的荒滩,或远离居民,其坡顶常常覆盖大量的芦苇、耕地或树木,土质一般由粉细沙、粉质黏土和淤泥质黏土组成,其承载能力和抗冲刷能力较差,易冲蚀。因此在护岸守护型式中常采用斜坡式护岸。

如:枝江水道水陆洲右缘中上段护岸工程、江口水道柳条洲右缘中下段护岸工程(图4-31)、窑监河段乌龟洲守护工程(图4-32)等均对江心洲进行了斜坡式平顺护岸,防止洲滩的冲刷崩塌,起确保洲滩的完整和平顺水流的作用。

(3)集中守护与间断守护结合型

对于同一滩体,因不同部位所处水流条件的不同,可以考虑集中守护与间断守护相结合的方式。在受到水流集中冲刷,且冲刷力度较大的部位,应采取集中守护的方式;而对于滩体所处水流强度较弱,且以边缘的冲蚀为主,则可采取间断守护的方式。

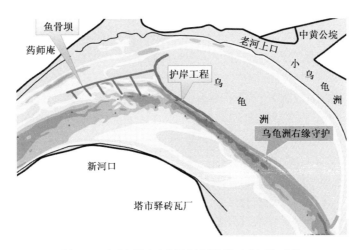

图 4-32　窑监河段乌龟洲及洲头低滩江心洲(滩)守护

如:枝江水道水陆洲洲头低滩守护工程:沿水陆洲洲头心滩滩脊布置一道滩脊护滩带和三道垂直水流方向的横向护滩带。工程对水陆洲洲头心滩进行守护,稳定并抬高心滩高程,防止水流对洲头心滩的冲刷,稳定枝江水道进口主流流路,并在一定程度上控制上游水位的降幅(图 4-31)。

窑监河段航道整治乌龟洲洲头低滩鱼骨坝工程:沿乌龟洲洲头低滩建设一道横向心滩滩脊护滩带(LH1 号)、2 道横向护滩带(LH2 号 ~ LH3 号)和 3 道横向鱼刺坝(LB4 号 ~ LB6 号)组成的鱼骨坝。工程起稳定和巩固洲头心滩的高滩部分,封堵串沟,并与乌龟洲相接,使洲头心滩与乌龟洲联成一体,在右汊进口形成高大完整的凹岸岸线,适当减小主流的摆动范围,集中水流冲刷进口段浅区航槽,改善并稳定右汊进流条件(图 4-32)。

(4)整体守护型

对于流态复杂、流速较大的重要河段,必要时,可以对滩体进行整体守护。

沙市河段航道整治一期工程中对三八滩中进行了整体守护,工程主要是对三八滩已实施的应急守护工程部位的上段、中段、尾部进行加固完善以及在应急守护工程的尾部设置衔接段四个部分。衔接段包括对应急守护工程的尾部进行封闭守护和在其尾部下游的滩体上设置两道守护带,防止水流在三八滩的中段(桥轴线以上)切割滩体,进而达到保持三八滩中上段滩脊稳定的目的(图 4-33)。

图 4-33　沙市三八滩整体守护型守护实景图

### 4.4.2.3　江心洲(滩)建筑物加强结构稳定性垂向设计

(1)新水沙条件下护心滩建筑物竖向设计原则

心滩守护的竖向设计原则,主要是由整治效果来决定。心滩多用护滩带和鱼骨坝等整治建筑物的形式进行整治,因此分两种情况来考虑竖向设计原则:

①当护滩建筑物为鱼骨坝时,坝头高程根据整治水位确定,脊坝高程根据实际情况确定,如脊坝位置存在较高的滩体,则沿滩脊布置(如窑监河段鱼骨坝工程);如脊坝位置不存在滩体,或滩体高程较矮,则可考虑采用坝顶为平坡,高程为整治水位(如东流水道玉带洲头鱼骨坝工程)。

②当护心滩建筑物为软体排护滩带或透水框架群时,头部需要护到航槽边缘,主要是为了防止清水下泄侵蚀滩缘,造成航槽宽浅化。中部则根据滩脊的高程决定,如高程较高,常年不过水,则可考虑采用护岸的结构型式;如高程较低则为了防止水流切滩,需要护到顶部。

(2)局部优化措施

结合已建枝江水道水陆洲右缘中上段护岸工程、江口水道柳条洲右缘中下段护岸工程、窑监河段乌龟洲守护工程等心滩守护提出洲头守护工程竖向设计改善。

①软体排和透水框架群等护滩建筑物对周边水流影响较小,比较适合应用到航道处于有利时期的守护型航道整治工程的心滩守护。抛石坝型护滩建筑物则对心滩周围水流影响较大,适合应用到需遏制不利变化趋势的航道整治工程心滩守护。

②建议一般水流条件下洲头区域采用软体排集中守护和透水框架带间隔守护,可以起到防止滩体冲刷的效果。其中软体排只是对排体覆盖的区域守护效果较好,露出的区域基本不能起到守护作用,透水框架群则能够起到减速促淤的作用,对覆盖区域起到防护的同时也能对框架间的滩体形成守护。

③对于冲刷较弱的部位,可采用加筋三维网垫新型护滩结构型式进行守护,对加筋三维网垫采取了在边缘开挖锚固沟及增加网垫表面压载等优化措施后,效果明显,可在今后的航道整治工程中推广使用。针对滩体各处冲刷强度的不同,合理调整软体排护滩守护的宽度和透水框架间距,可以起到较好的防冲效果。

### 4.4.3 支汊(串沟)守护工程设计技术

#### 4.4.3.1 典型支汊(串沟)特性

(1)分汊型河流按其外形来说可以分为顺直微弯分汊型、弯曲分汊型和鹅头分汊型三种。

(2)分汊河段的水面纵比降一般都比未分汊前的河道比降陡。

分汊河段水流由单股变为多股过程中,各股汊道的流量小于分流前的流量,输沙能力降低,分汊河段为了使输沙与上游单一河段相平衡,就需调整分汊河段的比降来增加输沙能力,以保证整个河道的输沙平衡。

(3)分汊河段的进口一般存在横比降。汊道进口段横直接影响着汊道分流和分沙变化,进口段横比降方向及大小主要与河道外形、水流弯曲程度、水流强度、主流部位及汊道阻力对比等因素有关。汊道进口横比降有两种类型:一种是进口段平面形态弯曲,由水流离心力惯性作用形成横比降,以其环流特性影响汊道的横向输沙;另一种是各支汊阻力的对比造成进口处壅水差异,形成横比降,往往在洲头以上部位形成横向斜流,切割洲头或洲面,造成洲头出现串沟或洲头浅滩的切滩。一般来说,汊道进口横比降由上述两种性质叠加而成。

#### 4.4.3.2 支汊(串沟)治理措施设计

(1)平面布置

对于分汊型河段整治,主要是采取工程措施调整分流比和改善通航汊道的通航条件。当选定的通航汊道的分流量已能满足要求时,宜稳定现有分流比,如非通航汊道有发展趋势时,应采用护底带限制非通航汊道的发展;否则应在非通航汊道建潜锁坝或锁坝等整治工程措施,坝拦截支汊(串沟),起塞支强干,增加主汊的流量或抬高河段水位,增强主汊的输沙能力。

护底带、锁(潜)坝等整治工程根据整治要求的不同,选择布置在汊道(串沟)入口段、中段或下段。对于沙质河床锁坝宜建在封堵汊道的中段,并与主流向正交。当汊道的水面落差超过0.8m时,宜分别在汊道的中上部和中下部建锁坝。卵石河床的锁坝宜建在汊道的上段。

护底带、锁(潜)坝布置在支汊(串沟)入口段的优点为:入口段河床一般较高,对于锁(潜)坝的坝高可以低一些,工程量较小;护底带、锁(潜)坝接近主汊,施工材料运输方便。缺点为:护底带、锁(潜)坝下游泥沙淤积较慢;当水位刚漫溢坝顶初期,坝下游淤积物还可能被冲走,危及坝身安全;上游来的推移质全部经过通航主汊,当主汊的输沙能力不适应时会导致航道淤积。

护底带、锁(潜)坝布置在支汊(串沟)中段的优点为:建筑物上游汊道段泥沙淤积较快;建筑物坝体位置有较大的选择范围,建筑物轴线垂直于中、洪水流向,较易避免溢坝水流冲刷整治建筑物两头根部;建筑物的高程可根据工程需要,分期实施,使得建筑物上、下游河段得到充分的淤积。缺点为:一般支汊水深较小,施工材料运输不便。

护底带、锁(潜)坝布置在支汊(串沟)下段的优点为:建筑物上游汊道段泥沙淤积较快;施工材料一般可经主汊水路运输。缺点为:江心洲(滩)通常河面较宽、地势较低,锁坝坝体将较高较长,增加工程造价;洲尾多为冲积土层,建筑物根部衔接条件较差,容易发生水毁。

护底带、锁(潜)坝设计确定参照丁坝、护底的设计方法。

(2)结构设计

护底带结构设计类同护滩带,主要选择系混凝土块软体排和混凝土联锁块排作为护底带结构。对于施工水位以下的河床守护采用D形排护底加块石压载,对施工水位以上的河床采用X形排护滩。

潜丁坝由护底、坝体和根部接岸三部分组成,采用D形系混凝土软体排进行护底,坝体采用抛石结构,潜丁坝根部与岸坡相连接,结构同高滩守护工程的陆上护坡。

(3)新水沙条件下支汊(串沟)控制措施竖向设计原则

支汊(串沟)控制措施主要根据整治要求的不同采用护底带、锁(潜)坝等整治工程,而这些工程的主要区别在于高度不同、作用力度不同。因此支汊(串沟)控制措施竖向设计主要遵循根据整治目标结合模型试验来确定建筑物高程的原则。

## 4.4.4　岸坡守护设计

### 4.4.4.1　需守护岸坡的特性

在航道整治工程中需要守护的岸坡常常处于持续冲刷或崩塌的状态,而这些岸坡常常具备以下几个特性:

(1)近岸侧纵向水流较强,常常处于迎流顶冲或弯道凹岸部位。纵向水流决定着河道的纵向输沙和河道整体变形的强度。一般来说,弯道凹岸或受水流作用较强的顺直岸段,多数时间内的近岸河床床面泥沙都处于起动、推移、扬动并由水流输向下游的状态。这里的水流挟沙能力均较大、处于非饱和状态,使近岸河床床面受到冲刷而造成相应的岸坡冲刷或崩岸。另外,弯道凹岸的水流对岸线的顶冲较大,水流的环流也相对较强,与纵向水流一起形成螺旋流,使得迎流顶冲或弯道凹岸部位发生冲刷。

(2)岸坡土质常常为松散的粉细砂或细砂,抗冲能力差。当岸坡变陡后上部河岸才会崩塌,松散的沙质土层相对于黏性土越厚,则越易引发崩塌。

(3)岸坡特征横断面形态上表现为,岸槽高差较大、水下水深较深或深泓贴岸,岸坡较陡、有些接近直立。

### 4.4.4.2 岸坡守护措施平面设计

护岸结构按断面形状可分为直立式、斜坡式、斜坡式与直立式组合的混合式结构型式三种。

在荆江河段岸坡守护区域,土质一般由粉细沙、粉质黏土和淤泥质黏土组成,其承载能力和抗冲刷能力较差,易冲蚀。因此在护岸守护型式中常采用斜坡式或者混合式护岸。

(1)直立式护岸

一般应用于水深较深、地基较好、岸线纵深较小、城镇、沿岸居住人口密集或土地资源缺乏的限制性航道岸坡,以及码头水域。其优点为岸线齐整,墙面顺直,改善了水流条件,使水流平稳、流畅,利于船舶安全航行。减少工程占地、房屋拆迁和土地开挖,从而降低占地拆迁和土地开挖成本。但直立式护岸对河床地基的承载能力要求较高,结构抵抗地基土不均匀沉降能力差,局部容易塌陷,特别在长江深泓贴岸和水流顶冲部位,施工困难,稳定性差。

(2)斜坡式护岸

用于河面宽阔,土地资源相对宽松的航道岸坡,也长江中下游最常用的护岸结构型式。其主要优点为顺应河岸形态护岸,整体结构稳定可靠,施工便利,维护方便,对水流的干扰较小。但需增加开挖和削坡,增加土地开挖、青苗补偿成本。

(3)混合式型式护岸

对于岸坡坡顶存在一定高度的浪坎,岸坡中上部为陡坎,坡脚较为平缓的岸坡,在地基承载力满足的条件下,可采用坡顶部挡土墙和下部斜坡式组成的混合式护岸,以减少开挖土方量和减少对坡顶植被破坏。

### 4.4.4.3 岸坡守护竖向设计原则

护岸工程竖向设计主要是考虑自身结构的稳定性。存在直立式、斜坡式、斜坡式与直立式组合的混合式等三种结构型式,大致都由护面、枯水平台、水下护底组成,因此设计原则大致相同:

护岸顶高程一般以原地面高程为准,或略低于原地面高程,枯水平台高程由施工水位控制,施工水位主要根据枯水平台及其上部结构陆上施工的工程量、施工能力计算出施工进度和水位进行比较得出陆上施工天数而定。枯水平台以下为水下护底,水下护底一般由护底软体排和排上抛石组成,软体排压在枯水平台下。对于深泓贴岸的护岸,水下护底一般守护至深泓,对于深泓远离岸线的护岸,水下护底一般守护至水下地形较为平缓的区域,如缓于1:5的坡比。

## 4.4.5 典型江心洲洲头守护设计

### 4.4.5.1 江心洲洲头守护平面布置型式及适用条件研究

根据前述研究,采用软体排护滩和透水框架护滩,可以起到防止心滩滩体冲刷的效果。而软体排集中守护和透水框架带间隔守护,合理调整软体排护滩守护的宽度和透水框架间距,可以起到较好的防冲效果。在对护心滩建筑物的工程实例总结的基础上,对于长江中游常用的软体排、四面六边体透水框架等守护建筑物,采用水槽概化模型试验的方法,进行模拟研究,以论证各种结构型式的适用条件。无护心滩建筑物见图4-34。

(1)模型设计

①水流条件

在洪水流量下,长江荆江心滩顶部水深可达 $5 \sim 10m$,流速达 $2 \sim 3m/s$,水槽概化模型试验将以此作为设计依据。

②断面形态

根据长江中下游典型心滩段的河道横断面变化实测图,横断面均呈现"W"形,在模型设计当中,心滩段概化为"W"形,其他地方概化为矩形。

③模型比尺的确定

对于航道道整治建筑物,因需研究局部冲刷与护心滩建筑物的稳定性问题,模型断面形态则按1:60 正态缩小。为保证模型水流运动的相似,根据重力相似准则,可知流速比尺为:$\lambda_v = \sqrt{\lambda} = 7.746$,流量比尺为:$\lambda_Q = \lambda^2 \lambda_V = 27885.6$。

④泥沙起动相似

经过泥沙起动试验,模型沙采用 $d_{50} = 0.18mm$ 和 $r_s = 2.65t/m^3$ 的天然沙。

⑤模型心滩高度的确定

原型河道中滩体高度取航行基面以上的滩体高度,约为6m,模型比尺 $\lambda = 60$,得模型心滩高度为 $h = 10cm$。

⑥模型心滩坡率的确定

模型心滩长度方向的坡率为1:9,宽度方向的坡率为1:5。

⑦护心滩建筑物模型设计

试验选择三种常见护滩建筑物结构,即软体排(全守护)、四面六边透水框架(间距带)和抛石鱼骨坝(图4-35),按照1:60 的比例缩小,其中软体排和透水框架采用铝条、抛石坝采用石块制作。

⑧试验内容

清水定床试验:主要观测不同流量、水深等因素组合下,滩体及护滩建筑物周围的水位、流速、流向、水面线、紊动强度、壅水以及回流区的水流结构。

清水冲刷试验:主要观测各种方案下整个铺沙段的泥沙运动和冲刷变形;滩体和护心滩建筑物周围冲刷坑的形成、发展和平衡状况以及冲刷坑的深度及范围;滩体的破坏程度和范围;护心滩建筑物的破坏形式和破坏程度等。另外还需记录、拍摄冲刷坑的发展变化过程和护心滩建筑物的破坏过程,冲刷坑的深度、范围与水流流速和护心滩建筑物类型的关系等。

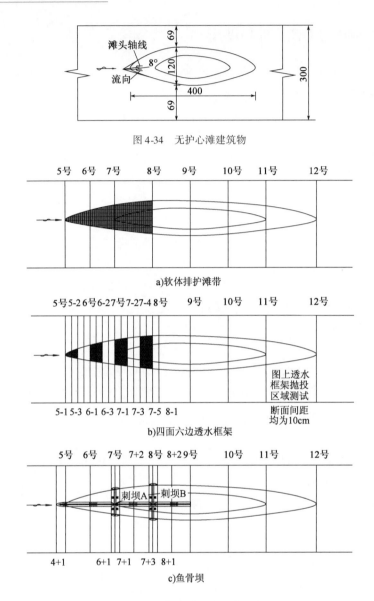

图 4-34　无护心滩建筑物

图 4-35　护滩建筑物布置方式及断面布置

（2）试验成果分析

从水位等值线（图 4-36）及地形冲刷（图 4-37）情况的对比来看：

①软体排和透水框架群等护滩建筑物对周边水流影响较小，比较适合应用到航道处于有利时期的心滩守护。

②鱼骨坝护滩建筑物则对心滩周围水流影响较大，适合应用到需遏制不利变化趋势，调整两汊分流比的心滩守护工程中。

③软体排和透水框架群护滩相比，透水框架在守护滩体的同时，存在促淤作用，守护效果较好。

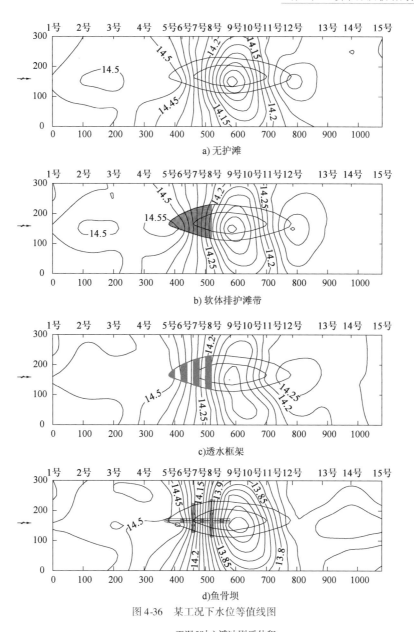

图 4-36　某工况下水位等值线图

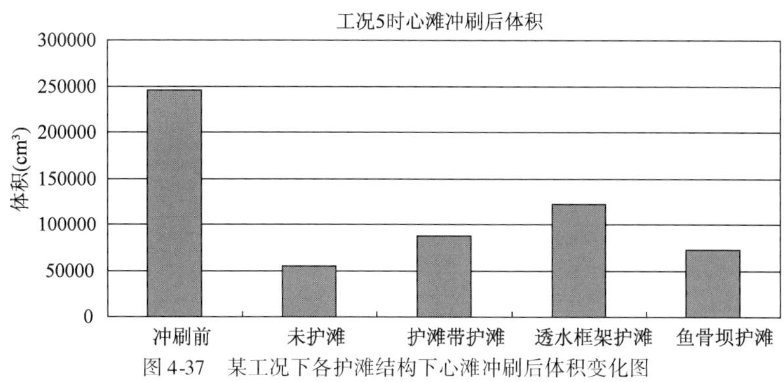

图 4-37　某工况下各护滩结构下心滩冲刷后体积变化图

### 4.4.5.2　透水框架护心滩局部放大试验

**(1)模型设计**

当前长江中游主要受三峡工程清水下泄的影响,滩体冲刷,河床向宽浅化发展。结合目前长江中游的航道条件及工程建设目标,守护效果更好的透水框架更适用于长江中游航道心滩守护工程中。

目前透水框架水下施工采用船上抛投、陆上施工采用人工搬运的方式,而单个透水框架的重量约为150kg(边长100cm),人工搬运的效率较低;加上透水框架群会在后方形成一个淤积区域,会影响后方一定范围的生态环境。为此提出在施工水位以上的区域(需要陆上施工)采用小尺寸的透水框架(边长40cm)。为了进一步研究局部冲淤变化情况,特将1:60的模型取局部区域放大进行1:20的试验,主要对比研究施工水位以上采用正常尺寸和小尺寸透水框架后局部冲淤情况。相应的模型中大框架的边长为5cm,小框架边长为2cm(图4-38~图4-41)。

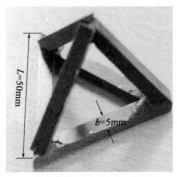

a)大框架　　　　　　　　　　　b)小框架

图4-38　透水框架模型照片

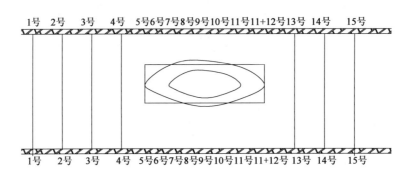

图4-39　放大区域示意图

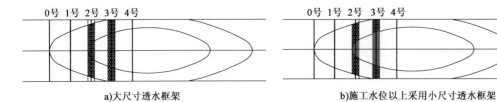

a)大尺寸透水框架　　　　　　　　b)施工水位以上采用小尺寸透水框架

图4-40　局部放大试验平面布置图

注:图中黑色大网格表示大框架,红色小网格表示小框架。

a)大尺寸透水框架

b)施工水位以上采用小尺寸透水框架
图4-41　局部放大试验平面布置照片

（2）试验成果分析

考虑到本试验主要是对比分析大、小透水框架群的作用效果,故在本试验中主要对比2号至3号断面下游侧的局部地形。

图4-42、图4-43分别给出了全大框架守护后的冲淤图及地形照片,图4-44、图4-45分别给出了大小框架结合守护后的冲淤图及地形照片。

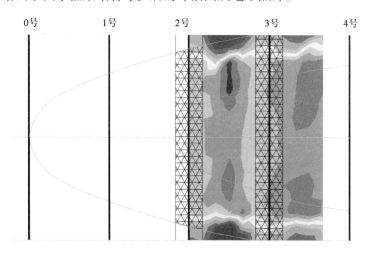

| 冲淤表 | | |
|---|---|---|
| 编号 | 冲淤范围 | 颜色 |
| 1 | 最大冲刷量　－2.000 | |
| 2 | －2.000　－1.500 | |
| 3 | －1.500　－1.000 | |
| 4 | －1.000　－0.500 | |
| 5 | －0.500　0.000 | |
| 6 | 0.000　0.500 | |
| 7 | 0.500　1.000 | |
| 8 | 1.000　1.500 | |
| 9 | 1.500　2.000 | |
| 10 | 2.000　最大淤积量 | |

图4-42　全大框架守护后的冲淤图

图 4-43　全大框架守护后的地形照片

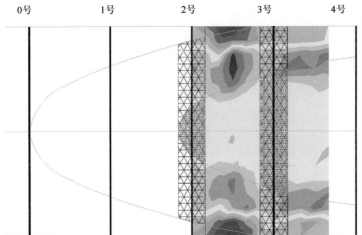

| | | |
|---|---|---|
| 0号 | 1号 | 2号　　3号　　4号 |

| 冲淤表 | | |
|---|---|---|
| 编号 | 冲淤范围 | 颜色 |
| 1 | 最大冲刷量　　−2.000 | |
| 2 | −2.000　　−1.500 | |
| 3 | −1.500　　−1.000 | |
| 4 | −1.000　　−0.500 | |
| 5 | −0.500　　0.000 | |
| 6 | 0.000　　0.500 | |
| 7 | 0.500　　1.000 | |
| 8 | 1.000　　1.500 | |
| 9 | 1.500　　2.000 | |
| 10 | 2.000　　最大淤积量 | |

图 4-44　大小框架结合守护后的冲淤图

图 4-45　大小框架结合守护后的冲淤图

研究结果表明,两种方案均能够较好地起到守护心滩的作用。大小结合的透水框架方案在守护心滩的同时对局部(特别是心滩滩脊)影响较小,对心滩的生态环境改变较小;加上框架较小,重量轻,制作及施工方便;同时还节约了工程量,是一种值得推广的护心滩技术。

# 4.5　航道整治工程绿色生态型整治建筑物研究

## 4.5.1　绿色环保型整治建筑物研究概况

### 4.5.1.1　传统河道治理中存在的问题

出于对开发流域经济的需要，人类对河流采取了一系列的整治措施，包括在河道上修建堤防、堰和丁坝，缩窄河床和固化河岸等。上述整治措施直接影响了河道的过水断面面积、河床比降和水面比降，改变了水流速度、过水能力和调蓄能力。河流的整治开发虽然给经济带来了繁荣，但也存在负面影响：①生物多样性严重受损。河道整治项目引起流量及流量过程的变化和输送泥沙质和量的变化，许多生物栖息地被改变甚至消失。②刚性护砌材料（如砌石、混凝土板块、模袋混凝土等）护砌后的河道，覆盖了大片植被，彻底毁坏了由水与草共同构成的水环境，使之失去了原有的活力。同时，采用砌石、混凝土板块、模袋混凝土等刚性护砌材料，必须要大量开山采石，挖河取砂，直接毁坏自然环境。③硬化覆盖使河床不透水面积增加，切断了水体中的生物链，甚至对微生物的生存环境和生存空间受到毁灭性破坏，生态失去了平衡，由此也不可避免地使河流的自我净化能力大大降低。④大量人工材料的使用，使得沿岸美丽自然景色消失。

从 20 世纪 50 年代开始，很多西方国家对破坏河流自然环境的做法进行了反思，发达国家科技界和工程界针对水利工程对河流生态系统的负面影响，研究开发了河流生态恢复的理论和技术，并开始有意识地着手对遭受破坏的河流自然环境重新进行修复。在欧洲，如德国、法国、英国、瑞士、丹麦、奥地利等国，人们积极地改造水泥河堤，修建生态河堤，复原河道形态，恢复河岸水边植物群落与河畔林。美国和日本在这方面的工作也积极而富有成效，局部生态环境得以良好恢复。

与国外先进经验及技术相比，我国国内的河流生态保护工作尚处于起步和技术探索阶段，河流整治工作则基本处于水质改善和景观建设阶段。特别是航道治理工程的理念仍停留在修建渠化工程、整治建筑物等已被许多西方国家舍弃的做法。即使在长江这一黄金水道上，航道整治工程仍然采用的是传统的技术和建筑材料（如块石和混凝土等），这些建筑材料的开采或生产，是以生态破坏、能源大量消耗以及环境污染为代价的，与地球资源、地球环境容量的有限性以及地球生态系统的安全性之间的矛盾日益尖锐。因此，在长江航道整治中，加快科技创新步伐，研究和采用新型的绿色环保材料及其施工工艺，对于推动和促进长江航道建设的科技进步，科技创新具有重要的意义。

### 4.5.1.2　绿色环保型整治建筑物研究的重要性

从生态角度来看，人类对天然航道的治理改变了局部生态环境。为使滩槽稳定，对滩地的整平和覆盖使自然裸地减少；为防止河岸崩塌采取的硬底护岸使河岸带生态功能退化；在河道内修筑丁坝等整治建筑物使许多水生物种群的生存环境遭到破坏，等等。在全球环保意识普遍提升的今天，在河流治理中重视人与自然的和谐相处，提倡河流的生态保护具有重大的现实意义。

从防治污染角度来看,人们在治理河道时往往忽视了河流自身在防治污染方面所起的积极作用。天然河道是有自净能力的,水泥护底和护岸割断了水体与土壤的关系,使水系与土地及其微生物环境相分离,水-土-植物-生物之间形成的物质和能量循环系统被破坏,加剧了水污染的程度。因此,改造硬化河床,建设生态河堤,恢复利用河流的自净能力是河流治污的重要环节。

从景观角度来看,现代景观生态学将河流看作廊道(通道)及生态边缘区,强调河道的自然化及两岸的亲水性。在满足航运和防洪要求的基础上,应该尽可能保持河流的自然状态,营造优美的水边环境。

从可持续发展角度来看,对河流的开发治理,必须考虑河道生态系统的可持续性,协调人与河流之间的关系,适度发展,维护流域生态的可持续性和流域经济的可持续发展。

长江是我国的黄金水道,在国民经济发展中起着重要的作用。随着国家对自然资源和生态环境保护力度的加大,那些消耗自然资源,破坏生态环境的建筑材料及施工工艺将受到限制。而随着长江中下游航道建设工程大规模的开展,需要的建筑材料也将大量增加。因此,正确处理好航道建设与环境保护的关系,将发展和保护有机结合起来,寻找两者的最佳结合点,已经成为建设和谐长江和可持续发展长江的关键。通过本书,为长江航道建设寻找绿色环保型建筑材料,实现工程与自然的完美结合,在打造黄金水道的同时,建设一条水上绿色长廊。

### 4.5.2 绿色环保型建筑材料的种类及应用

近年来,国外流行一种"多自然型河流治理法",并在河道整治中采用"近自然施工法"。多自然型河道治理方法最早在欧洲国家特别是在瑞士、德国等国兴起,后来在日本得到迅速发展,它以保护、创造生物良好的生存环境与自然景观为建设前提,是一种多种生物可以生存、繁衍的治理法。我国在公路、水利、河道治理等工程中,也开始引进或研究生态、环保型材料,并取得可喜的效果。从目前国内外实际工程情况看,使用了多种类型的绿色(生态)环保型建筑材料及技术,总体来说,主要归结为四种类型,现分述如下。

#### 4.5.2.1 绿化混凝土的种类及其应用

绿化混凝土(又称长草混凝土、混凝土草坪和混凝土草毯)是一种能适应植物生长、可进行植被作业、具有既保持原有功能,又可保护环境、改善生态条件的混凝土及其制品。一般适用于岸坡防护及绿化(图4-46)。

图4-46 绿化混凝土在三峡工程船闸下游引航道边坡防护中的应用

水下用绿化混凝土构件板可采用铰接方式连成整体,适用于软体沉排压载,具有更好的抗冲刷和消能作用,同时可满足水生物生活和生长,恢复和保护河底生态环境。

(1)绿化混凝土的种类

绿化混凝土按其运用方式上大体可分为三个大类:孔洞型绿化混凝土、敷设式绿化混凝土和随机多孔型绿化混凝土。

①孔洞型绿化混凝土。

孔洞型绿化混凝土就是在混凝土上预留的孔

洞内填充土壤,种植植物。孔洞型绿化混凝土构件制作相对简单,根据其结构形式的不同,又可分为:

ⓐ孔洞型块体绿化混凝土。有文献介绍,在欧洲的一些堤防上,采用了这类孔洞型块体绿化混凝土板。韩国自然与环境株式会社开发研制的一种类似混凝土花盆般的孔洞型绿化混凝土块,用于生态型河川建设。在我国的武汉长江堤防沿江花园堤坡、长春市净月旅游开发区溪流河堤防上铺设的 8 字形孔洞块体绿化混凝土以及很多城市人行道上铺设的植草砖,都属孔洞型块体绿化混凝土。

ⓑ孔洞型多层绿化混凝土。清华大学冯乃谦教授主编的《实用混凝土大全》中介绍的孔洞型多层绿化混凝土为:上层为孔洞型多孔混凝土板,底层为凹槽型,上层与底层复合,中间形成有一定空间的培土层。这种绿化混凝土往往用于城市楼台的阳台、园墙顶部、墙体上部等。

②敷设式绿化混凝土。

敷设式绿化混凝土是在混凝土、岩石表面固定植被网,并喷涂按一定比例配制的胶粘材料、沙壤土、腐殖质、保水剂、长效肥、混凝土绿化添加剂、混合植绿种子和水等,构成植物生长基体并使其长草。其中,胶粘材料有无机胶黏剂(水泥等)、有机胶黏剂等;混合植绿种子是用冷季型草种和暖季型草种,根据生物生长特性混合优选而成,所生植被能四季常青、自然繁殖。在植物生长基体中最关键的是混凝土绿化添加剂,它的应用不仅可以增加植被混凝土中的水泥用量,增强护坡强度和抗冲刷能力,而且使植被混凝土层不龟裂,又可以改善植被混凝土物理、化学特性,营造较好的植物生长环境。

这种方法多用于既有混凝土表面、裸露岩石面的绿化,但能否经历洪水长时间浸泡和冲刷尚待观察,复种与补种性能如何未见相关论述和报道。据了解,这种绿化混凝土的价格,因包括混凝土本身和敷设基材,故一般较高。三峡大学、浙江水利厅等单位研究成功的植被混凝土,属敷设式绿化混凝土的一种。

③随机多孔型绿化混凝土。

又称生态多孔型混凝土、多孔连续型混凝土。这种混凝土是将碎石、水泥、水按一定配比混合后,制作成混凝土预制块体,就像食品"沙琪玛"一样,外表面及体内有很多孔隙。这些孔隙透水、透气,可在孔隙内充填植物生长所需的物质,植物根系可深入或穿过空隙至被保护土中。根据其孔洞为随机分布的结构特征,将其命名为随机多孔型绿化混凝土。

这种绿化混凝土的护砌及播种性能较好,可使安全护砌与环境绿化有机结合起来,再造由水与草共同构成的水环境;降低护砌材料表面温度 5 ~ 6℃;减少热岛效应;增加护砌材料表面透水透气性,提高湿热交换能力;维护水生态链,增加河流自我净化能力;减少因开采砂石对山林及河道的破坏;减少水泥用量,相应减少二氧化碳排放量,多用于堤坝防护工程。其关键技术是孔隙内的盐碱性水环境改造、特定生长环境下植物生长所需元素的配置、植物生长环境及规律。

(2)绿化混凝土的应用

环保型绿化混凝土护砌材料利用废砖石、轻纺工业废弃料,较大程度地降低了水泥用量,减少了砂石开采量,相应减少了对自然环境的毁坏,实现了在混凝土护砌面上种草的愿望,使刚性护砌与环境绿化完美地结合起来,是一种环境效应显著的绿色建材。

严格上讲，环保型绿化混凝土在欧美和我国均处于中试阶段（小范围使用到进入产业化阶段），即使是最早研究使用绿化混凝土的日本也还没有进入产业化阶段。根据目前国内的使用情况，绿化混凝土主要被用于城市绿地建设、公路边坡护坡与绿化、河道堤坝防护工程中。

①孔洞型绿化混凝土的应用。

传统的孔洞型绿化混凝土就是在混凝土上预留的孔洞内填充土壤，种植植物（图4-47）。其存在的最大问题是草种在出苗及生长期经不住风吹雨打。

图4-47　传统孔洞型绿化混凝土

图4-48　ARMORLOC 混凝土连锁块

美国舒布洛克公司生产的 ARMORLOC 混凝土连锁块是专门为明渠和受低中型波浪作用的边坡提供有效、耐久的防止冲刷、护坡作用的混凝土（图4-48）。ARMORLOC 铺面块可提供一个稳定、柔性和透水性的坡面保护层。块体中间以及相邻块体之间的孔隙内可以填土种草。当花草全面生根后提高块体面层与基土之间的连接力，同时美化景观。这种混凝土适用于中低速水流条件下的护坡。

②敷设式绿化混凝土的应用。

在敷设式绿化混凝土研究方面，国内具有代表性的研究成果是三峡大学的"植被混凝土护坡绿化技术"。该项技术具有以下创新点：

ⓐ解决了恢复植被和坡面防护二者结合的关键技术问题；

ⓑ成功地研制了具有一定护坡强度和抗冲刷能力，使植被混凝土层不产生龟裂，又能营造较好植物生长环境的植被混凝土配方；

ⓒ成功研制了混凝土护坡绿化添加剂，属国际首创；

ⓓ研究开发了能使植被四季常青、自然生长，且具有抗旱性、抗逆性和互补性强的混合植绿种子配方。

2003年7月，"植被混凝土护坡绿化技术"通过水利部的科技成果鉴定，项目成果总体上达到了国际先进水平，其中边坡防护和绿化的有机结合属国际领先。

目前，该项技术已应用于三峡永久船闸枇杷亭边坡防护绿化工程、三峡工程永久船闸下游引航道岩石边坡防护绿化工程(图4-46)、黄龙滩电站混凝土边坡绿化工程等20余项岸坡防护工程中。

③随机多孔型绿化混凝土的应用。

在随机多孔型绿化混凝土的研究应用方面,国内具代表性的成果是吉林省水利实业公司和吉林水利科学研究院等单位研究的"环保型绿化混凝土"(图4-49)。

图4-49 随机多孔型绿化混凝土及其绿化效果

2000年,根据水利防护工程的特点,他们提出了复合随机多孔型绿化混凝土结构。其特点是:周边采用高强度混凝土保护框并兼作模具、中间填筑无砂混凝土一体成型,解决了随机多孔型绿化混凝土生长基的实用构件化、边缘强度低、有效绿化面积小等问题。这种制作方法已获国家发明专利;提出了采用普通硅酸盐水泥的理论和系列方法;提出在孔隙中存在盐碱转换并共同对植物构成胁迫,是动态的盐碱性水环境,而非单纯的碱性水环境;相应提出了对盐碱性水环境改造的理论及用化学、物理、土壤化学、生物化学、结构、农艺、植物生理等7类14种改造方法。打破了日本有关机构提出的应采用低碱性高炉B、C型水泥的局限,扫除了绿化混凝土应用的障碍;通过用混凝土孔隙内残存的弱碱性缓慢分解填充材料,为植物提供缓释肥。

这种"环保型绿化混凝土"经水利部鉴定,达到国际先进水平。其造价与普通混凝土大致相同。目前已经在国内13个省市实施了约81万 m² 的铺设。

2002年,又研制出水下用绿化混凝土构件。这种构件板采用铰接方式连接为整体型,主要用于软体沉排压载,具有更好的抗冲刷及消能作用,同时以满足水生物生存、生长为目标,可恢复、保护河底生态环境,2003年已在吉林省内完成了实验工程。

#### 4.5.2.2 喷射护坡绿化方法的种类及其应用

(1)喷射护坡绿化方法的种类

目前国内工程技术界和学术界出现的有关喷射护坡绿化技术的专业术语有:"液压喷播"(汪智耀等,1999年);"水力喷播"(李和平等,1999年);"客土喷播"(杜娟,2000年);"混喷快速绿化"(章恒江等,2000年);"混喷绿化"(肖飙等,2001年);"混喷植生"(周颖等,2001年);"喷混凝土植草"(金钟,2001年);"植被混凝土"(许文年等,2001年);"喷植"(许铁力,2002年);"有机质混凝土"(周颖等,2001年);"生态治理"(赖世桂,2002年;徐国钢等,2002年);"三维植被网喷播植草"(顾晶,2003年);"喷植混凝土"(邹俊,2003年);"乳液喷播建植"(匡旭华,2003年);"边坡生态种植基"(张俊云,2001年);"厚层基材喷射植被护坡"(张俊云,2001年,2002年);"边坡TBS植被护坡绿化"(四川省励自生态与环境工程技术有限公司等,2003年);"边坡植生基质生态防护"(申新山,2003年);"有机基材喷播绿化"(汪东等,2003年);另外在工程界还有"客土喷播"的说法。翻译名词有"纤维土绿化工法"、"高次团粒SF绿化工法""连续纤维绿化工法"等。

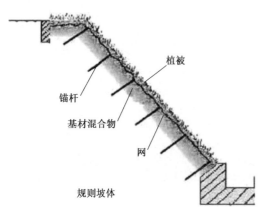

国内目前所用的喷射护坡绿化技术,可归结为两种主要流派,即由周德培、张俊云开发的厚层基材护坡绿化技术(即TBS技术,其结构见图4-50)和由许文年、王铁桥开发的植被混凝土护坡绿化技术。这两种技术的主要区别是配方不同,主要是有机质的用量和所用黏结剂不同。所形成的喷层在pH值、强度、抗侵蚀性、有效含水量等方面有一些差别。具体地讲,有以下差别:

①厚层基材喷层呈中性,植被混凝土喷层呈碱性;

②厚层基材有机物用量比植被混凝土大得

图4-50 厚层基材喷射护坡绿化技术构造图

多,厚层基材喷层初期孔隙率大,易干裂,湿涨垮落,且易生细菌性病害,植被混凝初期孔隙率小,易板结;

③植被混凝土抗冲刷能力和护坡性能优异,厚层基材稍差。

(2)喷射护坡绿化方法的应用。

①厚层基材护坡绿化技术。

厚层基材喷射绿化法是边坡守护和绿化的一种重要方法,国内最早运用在四川成南高速公路中。此后,在国内的高速公路、铁路、水电站等边坡守护和绿化工程中广泛地采用了此种技术(图4-51)。

a)原始坡面

b)使用后效果

图4-51 清江水布垭三友坪岩石边坡厚层基材护坡绿化工程

从目前国内应用情况看,该项技术主要是针对岩石、混凝土等硬质边坡的护坡绿化,而针对土质边坡的护坡绿化使用较少。

②植被混凝土护坡绿化技术。

植被混凝土护坡绿化技术也是主要针对岩石边坡的防护与绿化的技术。该技术由三峡大学宜昌绿野环保工程有限责任公司发明,自问世以来,已成功应用到湖北、湖南、四川、山东、江苏、贵州、云南等多个省份的公路、水电站、采石场等边坡的防护与生态恢复中,在三峡工程中也采用了这种技术(图4-52),取得了良好的经济和社会效益。

a)原始坡面　　　　　　　　　　　　　　　　b)使用后效果

图4-52　三峡工程永久船闸下游引航道岩石边坡植被混凝土防护绿化工程

### 4.5.2.3　植草护坡技术的种类及应用

本文所指的植草护坡技术主要是针对土质边坡进行的一种植物防护技术。这种技术施工便利,造价相对较低。从目前使用情况看,主要有以下几种方法。

(1)人工种草护坡

人工种草护坡是通过人工在边坡坡面简单播撒草种的一种传统边坡植物防护措施。多用于边坡高度不高、坡度较缓且适宜草类生长的土质路堑和路堤边坡防护工程。具有施工简单、造价低廉等特点。但由于草籽播撒不均匀,草籽易被雨水冲走,种草成活率低等原因,往往达不到满意的边坡防护效果,而造成坡面冲沟、表土流失等边坡病害,导致大量的边坡病害整治、修复工程,使得该技术近年应用较少。

(2)平铺草皮护坡

平铺草皮护坡是通过人工在边坡面铺设天然草皮的一种传统边坡植物防护措施。具有施工简单、工程造价较低等特点。适用于附近草皮来源较易、边坡高度不高且坡度较缓的各种土质及严重风化的岩层和成岩作用差的软岩层边坡防护工程,是设计应用最多的传统坡面植物防护措施之一。但由于施工后期养护管理困难,平铺草皮易被冲走,且成活率低,工程质量往往难以保证,达不到满意的边坡防护效果,而造成坡面冲沟、表土流失、坍滑等边坡病害,导致大量的边坡病害整治、修复工程。近年来,由于草皮来源紧张,使得平铺草皮护坡的作用逐渐受到了限制。

(3)三维土工网植草护坡

三维土工网植草护坡是国外近十多年新开发的一项集坡面加固和植物防护于一体的复合型边坡植物防护技术。该技术所用土工网是一种边坡防护新材料,是通过特殊工艺生产的三维立体网,不仅具有加固边坡的功能,在播种初期还起到防止冲刷、保持土壤以利草籽发芽、生长的作用。随着植物生长、成熟,坡面逐渐被植物覆盖,这样植物与土工网就共同对边坡起到了长期防护和绿化作用。土工网植草护坡能承受 4m/s 以上流速的水流冲刷,在一定条件下可替代浆(干)砌片石护坡。实践表明,三维土工网植草护坡的工程造价低于传统的砌石护坡的 50%,并且节约大量石材资源,而其施工速度远远高于砌石速度,可有效地缩短工期,具有重要的推广应用价值。

图 4-53　三维土工网植草护坡技术在北江下游
航道整治工程的应用

三维土工网植草护坡法最早用于防护公路、铁路、水电等工程建设中开挖边坡坡面的岩石风化剥落及水土流失,以及恢复破坏的植被覆盖层。20 世纪 90 年代末国外率先将该种护坡形式应用于河道迎水面边坡,我国近几年也陆续在一些河道整治工程进行了尝试(图 4-53),其应用呈逐渐扩大趋势。并且我国已经制订了相应的标准——《土工合成材料塑料三维土工网垫》(GB/T 18744—2002)。

(4)行栽香根草护坡

香根草是近十多年才被人们"重新发现"的一种禾本科植物,具有长势挺立,在 3～4 月内可长成茂密的活篱笆;根系发达、粗壮,一年内一般可深入地下 2～3m;根系抗拉强度大,达 75MPa,耐旱、耐涝、耐火、耐贫瘠、抗病虫、适应能力极强等特点。行栽香根草护坡就是在土质边坡上行栽香根草进行边坡防护的一种工程措施,该技术充分利用了香根草的优良特征,具有显著增强边坡稳定性和理想的固土护坡功能。这种护坡方法目前在国内应用较少,还有待于在公路、铁路、堤坝、城市建设等边坡防护工程中进一步试验。

### 4.5.2.4　双绞格网的种类及其应用

(1)双绞格网的种类

用于河道护岸的双绞格网结构有三种基本形式:网箱、网垫和网袋,见图 4-54。

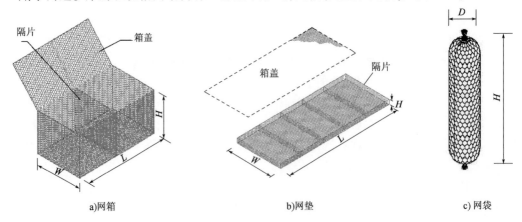

　　a)网箱　　　　　　　　　　　　b)网垫　　　　　　　　　　　c)网袋

图 4-54　双绞格网结构示意图

网箱和网垫的主要区别是其厚度。网垫比网箱薄(厚度约0.15~0.5m),但平面尺度大,用来保护河床和河岸不受侵蚀破坏。网箱较厚(厚度约0.5~1.0m),但覆盖的面积较小,用以保护网垫不能胜任的河岸,或用来稳固边坡,建造泄水结构、输水管出口,或为保护土壤不受水冲击的其他任何结构。网袋,顾名思义是填充岩石的袋状格网,可用于建造堤坝或防波堤,或在抢险工程中应用。

(2)双绞格网的应用

欧美发达国家在航道和水利工程中采用双绞格网技术已有50多年的历史,具有比较成熟的施工技术和经验。双绞网格已被应用于修建堤坝、整治建筑物(丁坝、顺坝等)、河岸防护、河底防护工程中。我国在航道和水利工程中使用双绞格网的时间不长,20世纪末才开始使用,并且主要用于河道岸坡防护工程中。

1999年世行贷款的广西桂林漓江环境综合整治工程中采用网箱和网垫进行岸坡防护。施工时就地取用原河滩的卵石填入网箱内。多年运行后,网箱岸坡与漓江河岸、漫滩浑然一体,与周围漓江美景融为一体,达到了保护河岸、防止水土流失和美化漓江的目的。2002年以来,在长江堤防护岸和洲滩守护工程中,如石首市长江堤防护岸、黄石市长江干堤合兴堤段坡,嘉鱼水道复兴洲护坡(图4-55),都采用了双绞格网箱或网垫。此外,湖南沅水草尾河段护岸工程、江苏昆山市千灯护岸工程、无锡市刘巷浜护岸工程、广东连江西牛航电枢纽护岸工程中也都采用了双绞格网箱或网垫。

图4-55　双绞格网垫应用于长江嘉鱼复兴洲头岸坡守护

### 4.5.3　长江中下游航道整治工程中绿色环保材料的选型

#### 4.5.3.1　长江中下游航道整治建筑物的结构型式

长江中下游航道整治工程中,根据工程的不同作用,一般可分为整治工程和守护工程两大类。守护工程中,根据守护的部位不同,又可分为护底、护滩和护岸(坡)工程。不同工程采用的结构型式也不相同。以下对长江中下游航道整治工程中常用的结构型式进行归纳。

(1)整治工程中建筑物的结构型式

整治工程中建筑物的主要作用是束窄河道、调整分流比、全部或部分封堵支汊等。常见的整治建筑物有丁坝、顺坝、鱼嘴和锁坝等,其坝体通常采用全抛石结构和沙枕填芯、块石盖面混合结构型式,一般要求不透水。

（2）护底工程的结构型式

护底工程的主要作用是保护河床免受水流的冲蚀。护底工程又分对河床的直接守护、对丁坝等整治建筑物底部的守护以及对岸坡坡脚床面的守护。

护底工程及其材料要求能抵御水流的冲刷及推移质的磨损，具有较好的整体性并能适应河床的变形，较好的水下防腐性能，便于水下施工并易于补充修复。目前长江中下游常用的护底结构有土工织物沙枕、系混凝土块软体排、抛石等。

（3）护滩工程的结构型式

护滩工程的主要作用是保护边滩、江心洲的低滩免受水流的冲蚀。护底工程及其材料的要求与护底工程类似。目前长江中下游常用的护滩结构有土工织物沙枕、系混凝土块软体排、混凝土块铰链排、抛石坝等。

（4）护岸工程的结构型式

长江中下游的护岸工程有着悠久的历史，在生产实践中产生了多种型式的应用。传统的抛石护岸，砌石护岸，混凝土现浇或预制块体（如正四面体混凝土块、透水框架式混凝土四面六棱体）护岸具有就地取材，施工方法简单的优点，目前仍是被广泛采用的护岸型式。1999～2002年长江重要堤防隐蔽工程中，绝大部分采用的是砌石护岸型式。

随着科学技术的突飞猛进，许多新型护岸材料和技术也随之涌现，尤其是与高分子化合物相关的土工织物被愈来愈多地应用于护岸工程。近几年在长江中下游的护岸工程中，采用了模袋混凝土排、混凝土铰链排、系混凝土块软体排、土工织物砂枕等各种软体排新型护岸结构。合金钢丝石笼护岸和新型的双绞格网箱（垫）护岸也应用于实际工程中。

**4.5.3.2　绿色环保材料在长江航道整治工程中的适用性分析**

绿色环保整治建筑物以保护、创造良好的生态环境和自然景观为前提，在保证建筑物具有一定强度、安全性和耐久性，发挥工程应有功能的同时，兼顾工程的环境效应和生物效应，达到建筑物、水体、生物相互涵养，工程和自然环境相互协调的仿自然状态。

对于长江中下游航道整治工程中绿色环保型整治建筑物而言，应该满足以下几个方面的要求：①功能性，这是作为整治建筑物的基本要求，即是否能发挥有效的整治作用；②生物性，对本土的原生动植物没有产生重大的负面影响，尽量不扰动原有栖息地环境，或者工程完工后能被本土生物接受；③景观性，工程完工后与周围景观环境相协调。

（1）绿化混凝土在长江航道整治工程中的适用性

从现有的几种绿化混凝土使用情况看：

孔洞型绿化混凝土主要用于城市河道的护岸、景观工程中，工程实例不多。

敷设式绿化混凝土属于喷播绿化技术，主要用于岩石、混凝土等硬质表面的绿化，常用于公路、铁路、水电站等工程中。在天然河流中，能否经受水流冲刷和浸泡还不得而知，目前也只用于高水位以上的护坡绿化。

随机多孔型绿化混凝土是根据水利防护工程的特点研制的，对河道岸坡、河床都具有较好的防护作用。其构件大小可根据防护部位的不同设计制作，并可根据需要做成任意形状。草种可以人工撒播，也可以机械喷播。适用于长江中下游航道整治中的护岸、护滩工程。

（2）喷射护坡绿化技术在长江航道整治工程中的适用性

喷射护坡绿化技术是针对岩石边坡的植被绿化防护技术，被广泛应用于铁路、公路、水电、市政、矿山、军事伪装等工程边坡的护坡绿化。但目前国内外还没有将该技术应用于水利、航道工程中，相关研究也很少，是否适用还有待进一步论证。

（3）植草护坡技术在长江航道整治工程中的适用性

在植草护坡技术中，三维土工网植草护坡技术应用最为广泛，对公路、铁路、水电等工程建设中边坡坡面的绿化和防护都有较好的效果，并具有施工便利、造价低廉的优势。

从功能性来看，三维植被网护坡具有较好的稳定性和抗冲刷能力。研究资料表明，三维植被网护坡短期抗冲流速 $V=6$ m/s，达到混凝土护坡抗冲流速。48 小时以内的抗冲流速 $V=4$ m/s，远大于良好草皮护坡抗冲流速 $V=1.7$ m/s。

国内在广东北江航道整治工程、流溪河防洪整治工程、珠江大学城堤防工程、上海浦东国际机场围海大堤工程、上海化学工业区围海造地工程、松花江干流堤防工程、桂林小东江防洪堤护坡工程、滹沱河（石家庄段）防洪堤护坡工程中都采用了三维土工网植草护坡技术。因此，三维土工网植草护坡技术也应该适用于长江中下游航道整治中的护岸工程。

（4）双绞格网在长江航道整治工程中的适用性

双绞格网网箱、网垫和网袋除具有整体性、柔韧性、耐久性、透水性、造价低及良好的消浪性能等优势外，最大的优点是可实施绿化、植被。在优化、美化环境、改善生态上优于传统的护坡工程。双绞格网网箱填充料间的空隙，原材料中夹带泥土，且随着时间的推移，迟早会被土壤填满，从而为绿化、植被创造了条件，即使不播撒种子，也会自然长出草本植物。非常适合于河道的生态保护工程。

根据国外进行的生态护垫护坡与堆石护坡抗水流冲刷能力的对比试验结论是：双绞格网网垫护坡的抗冲刷能力是堆石护坡的两倍。即双绞格网网垫内填充石料的平均粒径仅为堆石护坡石头平均粒径的一半；若使用同一粒径的石头，双绞格网网垫护坡所能承受的水流流速至少是使用堆石护坡的三到四倍。堆石护坡在达到极限流速时，块石将被水带走，其一旦发生变形，护坡即遭破坏甚至完全毁坏。而双绞格网网垫在达到极限流速时会相应的发生一定的变形，但是网垫结构仍然保留原来的构架，此时变形后的网垫结构将调整，达到新的平衡，而整体不会遭到破坏。

从国外 50 多年的应用实例看，双绞网格在河道生态保护方面具有其他方法不可比拟的优势。从近两年长江中游航道整治工程中采用的双绞格网网箱、网垫护岸效果看，在达到保护效果的同时，绿化效果也开始显现。

### 4.5.3.3 整治建筑物中各种材料的对比分析

如前所述，在长江航道整治工程中，传统的建筑材料一般都是块石、混凝土，以及近几年采用的土工织物与沙、石或混凝土的组合。其结构型式一般有抛石、砌石（干砌、浆砌）、现浇混凝土或混凝土预制构件、土工织物沙枕、系混凝土块软体排、模袋混凝土排等。而对于绿色环保或生态环保建筑材料，目前已经使用的主要有绿化混凝土、土工合成材料和合金网等。各种材料的综合对比情况见表4-7。

航道整治建筑物中各种材料的综合对比表　　　　表 4-7

| 材料名称 | 结构型式 | 适用工程 | 技术评价 | | 价格 | 维护成本 | 生态环保效果 | 景观效果 |
|---|---|---|---|---|---|---|---|---|
| | | | 优点 | 缺点 | | | | |
| 块石 | 抛石 | 水上、水下整治建筑物及护底、护滩、护岸工程 | 就地取材、施工简单、造价低廉、适应变形好 | 石料用量巨大、观赏性差、施工质量不易控制,稳定性较差 | 较低 | 较高 | 一般 | 差 |
| | 砌石(干砌、浆砌) | 水上整治建筑物护面及护岸工程 | 施工简单、整体性强 | 对石材质量要求高、水下基础处理困难,适应变形差 | 中等 | 中等 | 无 | 差 |
| 混凝土 | 现浇或预制块体 | 水上、水下整治建筑物护面及护滩、护岸工程 | 整体性好、质量易控制 | 适应变形差、施工强度大 | 较高 | 中等 | 无 | 差 |
| 土工织物组合材料 | 土工织物沙枕 | 整治建筑物填芯,水下护底、护滩、护岸工程 | 取材容易、体积和重量大、稳定性好、施工方便 | 抗老化与抗破坏性差 | 较低 | 较高 | 无 | 差 |
| | 系混凝土块软体排 | 水上、水下护底、护滩工程 | 取材容易、整体性好、能工厂化生产、机械化施工、质量易控制 | 水上抗老化与抗破坏性差 | 较高 | 较高 | 无 | 差 |
| | 模袋混凝土排 | 护底工程、护滩工程、护岸工程 | 整体性强,抗冲能力强,机械化程度高,施工速度快,施工质量容易控制 | 对河道平整度要求高,水下岸坡整修量大且定位较困难,适应河床变形的能力较差 | 较高 | 中等 | 无 | 差 |
| 绿化混凝土 | 预制构件块 | 水上护滩、护岸工程 | 稳定性高、耐久性好、兼具混凝土防护的各种特点 | 对河道平整度要求高,适用河床变形差,孔隙率小、易板结 | 较高 | 中等 | 好 | 好 |
| 土工合成 | 三维土工网垫 | 水上护岸工程 | 稳定性好、抗冲刷性强、施工便利 | 对岸坡本身的稳定要求较高,植被的初期维护难度大 | 较低 | 较低 | 好 | 好 |
| 合金网 | 双绞格网 | 水上、水下整治建筑物及护底、护滩、护岸工程 | 整体性好、柔韧性强、耐久性好、透水性好、施工便利 | 对石材尺寸要求较严 | 较高 | 较低 | 好 | 一般 |

从表4-7中可以看出,在航道整治工程中使用的传统建筑材料普遍存在后期维护费用偏高的问题,并且基本不具备生态环保功能,景观效果也差。而生态环保材料除具备生态环保功能外,后期维护费用一般不大,景观效果也好。对于正在大规模建设的长江航道工程来说,生态环保材料值得推广应用。

### 4.5.3.4 长江中下游航道整治工程中绿色环保材料的选型

(1)整治工程中绿色环保材料的选型

整治工程中整治建筑物的坝体通常采用全抛石结构和沙枕填芯结构型式,坝面一般采用干砌、浆砌块石护面和预制混凝土块护面。这种护面形式本身的安全与耐久性较差,坝体稍有变形,护面就容易破坏,甚至发生水毁。

在前述各绿色环保或生态环保材料中,唯一能适应坝体变形,对坝体起保护作用,又具生态功能的是双绞格网网垫。河海大学在山区河流散抛石坝防水毁措施研究成果中,推荐的措施之一就是采用合金钢丝网石笼护面,并且在北盘江坝油滩航道整治工程中实施。用合金钢丝网石笼护面的三条丁坝经几年的运用,其防护效果良好。结合国外使用的经验,本书推荐采用双绞格网网垫作为整治建筑物坝体的护面材料。

(2)护底工程中绿色环保材料的选型

目前使用的护底材料,其功能性一般不存在问题,但按照生态环保的要求,其生物性较差。护底工程为水下工程,能够适应水下使用的绿色(生态)材料只有双绞格网网箱(垫)。根据护底工程的特点,结合国内外应用情况,本书仍然推荐采用双绞格网网垫作为护底的材料。

(3)护滩工程中绿色环保材料的选型

长江中下游的护滩工程主要是对滩面的保护,一般采取平面守护方式,如系混凝土块软体排和混凝土块铰链排等。即使采用筑坝守护方式,坝顶高程也比较低。从功能性来看,目前采用的排体护滩效果较好,因此,要想具有生态作用,可以选择随机多孔型绿化混凝土作为排体上的压载块体。而对于水下护滩部分,可以选择双绞格网网垫作为水下护滩的材料。

(4)护岸工程中绿色环保材料的选型

从前面的论述可以看出,目前国内外用于护坡(岸)的绿色环保材料较多,但真正适用于河道护岸的材料主要是随机多孔型绿化混凝土、三维土工网垫和双绞格网网箱(垫)。

长江中下游河道岸壁主要有直立型和斜坡型两种。对于直立型土质岸壁,采用双绞格网网箱直立墙护岸最为合适。对于斜坡型岸壁,考虑护岸结构的功能性、生物性和景观性,可选择组合式护岸形式。既枯水位以下(一般为设计水位以上3.0m)采用双绞格网网垫护脚、护坡;枯水位以上采用三维土工网垫护坡,也可采用随机多孔型绿化混凝土护坡。两者均可起到保护河道岸壁和生态环保的效果,但从施工难易程度和成本来看,三维土工网垫更具优越性。

护岸是长江航道整治中常见的工程,也是最能体现生态环保效果的工程。在实际工程中,应根据护岸所处位置,采用不同的生态材料。例如,对于经过城镇的河段,其景观性要求较高,护岸材料可以选择随机多孔型绿化混凝土。而对于远离城镇的河段,护岸材料就可选择三维土工植草网垫,或双绞格网网垫。这样,既具有生态环保效果,又能有效节约工程投资。

# 第 5 章　航道治理模拟技术研究

## 5.1　二维水沙数学模型 TK-2DC

### 5.1.1　数学模型原理

1. 模型方程及边界条件

（1）基本方程

拟合坐标系下平面二维 $k \sim \varepsilon$ 紊流和悬移质泥沙运动表示成如下统一形式：

$$\frac{\partial(h_2 H u \varphi)}{\partial \xi} + \frac{\partial(h_1 H v \varphi)}{\partial \eta} = \frac{\partial}{\partial \xi}\left(\Gamma_\varphi H \frac{h_2}{h_1} \frac{\partial \varphi}{\partial \xi}\right) + \frac{\partial}{\partial \eta}\left(\Gamma_\varphi H \frac{h_1}{h_2} \frac{\partial \varphi}{\partial \eta}\right) + S_\varphi \tag{5-1}$$

各方程主要差别体现在源项 $S_\varphi$ 上，源项是因变量的函数，可统写为 $S_\varphi = S_p \varphi + S_c$，负坡线性化后（$S_p \leqslant 0$）见表 5-1，表中 $k^*$、$u^*$、$H^*$ 为前一次迭代值。

**各方程负坡线性化后的 $S_p$、$S_c$ 汇总表**　　　　表 5-1

| 方程 | $\varphi$ | $\Gamma_\varphi$ | $S_p$ | $S_c$ |
|---|---|---|---|---|
| 连续方程 | $H$ | 0 | $-\dfrac{h_1 h_2}{\Delta t}$ | $-\dfrac{h_1 h_2}{\Delta t} H^*$ |
| $\xi$—动量方程 | $U$ | $v_t$ | $-\left[\dfrac{h_1 h_2 H}{\Delta t} + \dfrac{h_1 h_2 \sqrt{u^2+v^2}}{C^2} + Hv\dfrac{\partial h_1}{\partial \eta}\right]$ | $\dfrac{h_1 h_2 H u^*}{\Delta t} - gh_2 H \dfrac{\partial h}{\partial \xi} + Hv^2 \dfrac{\partial h_2}{\partial \xi} + h_1 h_2 \left[-\dfrac{v}{h_2}\dfrac{\partial}{\partial \eta}\right.$ $\left(\dfrac{v_t H}{h_1 h_2}\dfrac{\partial h_2}{\partial \xi}\right) - \dfrac{2v_t H}{h_1 h_2}\dfrac{\partial h_2}{\partial \xi}\dfrac{\partial v}{\partial \eta} + \dfrac{2v_t H}{h_1^2 h_2}\dfrac{\partial h_1}{\partial \mu}\dfrac{\partial v}{\partial \xi} + \dfrac{v_t Hu}{h_2}\dfrac{\partial}{\partial \eta}$ $\left(\dfrac{1}{h_1 h_2}\dfrac{\partial h_1}{\partial \eta}\right) + \dfrac{v}{h_1}\dfrac{\partial h_1}{\partial \xi}\left(\dfrac{v_t H}{h_1 h_2}\dfrac{\partial h_2}{\partial \xi}\right) + \dfrac{v_t Hu}{h_1}\dfrac{\partial}{\partial \xi}\left(\dfrac{1}{h_1 h_2}\dfrac{\partial h_2}{\partial \xi}\right)\right]$ |
| $\eta$—动量方程 | $V$ | $v_t$ | $-\left[\dfrac{h_1 h_2 H}{\Delta t} + \dfrac{h_1 h_2 \sqrt{u^2+v^2}}{C^2} + Hu\dfrac{\partial h_2}{\partial \xi}\right]$ | $\dfrac{h_1 h_2 H v^*}{\Delta t} - gh_1 H \dfrac{\partial h}{\partial \eta} + Hu^2 \dfrac{\partial h_1}{\partial \eta} + h_1 h_2 \left[-\dfrac{u}{h_1}\dfrac{\partial}{\partial \xi}\right.$ $\left(\dfrac{v_t H}{h_1 h}\dfrac{\partial h_1}{\partial \eta}\right) - \dfrac{2v_t H}{h_1^2 h_2}\dfrac{\partial h_1}{\partial \eta}\dfrac{\partial u}{\partial \xi} + \dfrac{2v_t H}{h_1 h_2^2}\dfrac{\partial h_2}{\partial \xi}\dfrac{\partial u}{\partial \eta} + \dfrac{v_t Hv}{h_1}\dfrac{\partial}{\partial \xi}\dfrac{1}{h_1 h_2}$ $\dfrac{\partial h_2}{\partial \xi}) + \dfrac{u}{h_2}\dfrac{\partial}{\partial \eta}\left(\dfrac{v_t H}{h_1 h_2}\dfrac{\partial h_2}{\partial \xi}\right) + \dfrac{v_t Hv}{h_2}\dfrac{\partial}{\partial \eta}\left(\dfrac{1}{h_1 h_2}\dfrac{\partial h_1}{\partial \eta}\right)\right]$ |
| $k$—输运方程 | $k$ | $-\dfrac{v_t}{\delta_k}$ | $-Hh_1 h_2\left(2C_\mu k/v_t + \dfrac{1}{\Delta t}\right)$ | $h_1 h_2 H\left(P_k + P_k v + \varepsilon + \dfrac{k^*}{\Delta t}\right)$ |
| $\varepsilon$—输运方程 | $\varepsilon$ | $\dfrac{v_t}{\delta_\varepsilon}$ | $-Hh_1 h_2\left(2C_{2\varepsilon}\dfrac{\varepsilon}{K} + \dfrac{1}{\Delta t}\right)$ | $h_1 h_2 H\left(C_{1\varepsilon}\dfrac{\varepsilon}{K}P_k + P_{\varepsilon v} + \dfrac{\varepsilon^*}{\Delta t}\right)$ |
| 悬沙输运方程 | $S_i$ | $\dfrac{v_t}{\delta_s}$ | $-\left[\dfrac{H}{\Delta t} + a\omega_i\right]h_1 h_2$ | $h_1 h_2\left(H\dfrac{S_i}{\Delta t} + a\omega_i S_i^*\right)$ |

表5-1中的各符号意义：$u$、$v$分别为$\varepsilon$、$\eta$方向流速分量，$h$为水位，$g$为重力加速度，$v_t$为紊动黏系数，$v_t = C_u \dfrac{k^2}{\varepsilon}$，$K$、$\varepsilon$分别为紊动动能和紊动耗散率，$p_k$为紊动能产生项。

$$P_{kv} = \frac{u^3 *}{H} C_k, \quad P_{\varepsilon v} = C_\varepsilon \frac{u^4 *}{H^2}, \quad C_k = \frac{2}{\sqrt{C_f}}, \quad C_f = \frac{n^2 g}{H^{1/3}}, \quad C_\varepsilon = 1.8 C_{2\varepsilon} \sqrt{C_u}/C_f^{3/4}, \quad n \text{ 为糙率}, \quad C \text{ 为谢才}$$

系数，$C = \dfrac{1}{n} H^{\frac{1}{6}}$，$K \sim \varepsilon$紊流模型标准常数，$C_u = 0.09$，$\sigma_k = 1.0$，$\sigma_\varepsilon = 1.32$，$\sigma_s = 1.0$，$C_{1\varepsilon} = 1.44$，$C_{2\varepsilon} = 1.92$，$a_i$为悬沙中第$i$组泥沙恢复饱和系数，$\omega_i$为第$i$组泥沙沉速，$S_i$、$S_i^*$分别为分组含沙量和挟沙力。

河床变形方程为

$$\gamma_s' \frac{\partial Z_b}{\partial t} = \sum_{i=1}^{n} a \omega_i (S_i - S_i^*) \tag{5-2}$$

式中，$\gamma_s'$为淤积物干容重，内河粗沙$\gamma_s'$取$1.35 \text{t}/\text{m}^3$，河口淤泥$\gamma_s'$取$0.65 \text{t}/\text{m}^3$，$Z_b$为河床高程，方程(5-2)在求含沙量场后，可通过显式求解。

（2）泥沙模型辅助方程

①非均匀沙不平衡输沙水流挟沙力

由于天然河流输沙的非均匀性以及床沙组成沿程不一致性，因而一般存在着单向淤积、单向冲刷和淤粗冲细三种不平衡输沙状态。这三种状态恢复饱和的泥沙来源不同，挟沙力也不同。

②床沙级配调整方程

在河床冲淤过程中，床沙级配在不断地调整，反过来影响水流挟沙能力，使冲淤向各自方面转化，因此床沙级配的调整，对河床变形计算十分重要。本模型床沙级配调整方程采用吴伟民、李义天模式，即：

$$P_{bi} = \left[ \Delta Z_i + (E_m - \Delta Z) P_{obi} \right] / E_m \tag{5-3}$$

式中，$P_{obi}$、$P_{bi}$分别为时段初和时段末的床沙级配，$E_m$为床沙可动层厚度，其大小与河床冲淤状态、冲淤强度及冲淤历时有关，当单向淤积时$E_m = \Delta Z$；当处于单向冲刷时，$E_m$的限制条件是保证床面有足够的泥沙补偿。

（3）边界条件

数学模型进口给定$u$和$S$沿河宽的分布，$u$分布遵循曼宁公式，并经过进口流量闭合校正，进口断面含沙量分布采用均匀分布。

2. 方程的离散及求解

统一积分方程(5-1)在交错网格结点的控制体积内积分，并代入连续方程，可得到下列离散形式：

$$a_p \varphi_p = a_e H \varphi_e + a_w H_w \varphi_w + a_n H_n \varphi_n + a_s H_s \varphi_s + b \tag{5-4}$$

式中

$a_e = D_e A(|P_e|) + \max(-F_e, 0);$

$a_w = D_w A(|P_w|) + \max(F_w, 0);$

$a_n = D_n A(|P_n|) + \max(F_n, 0);$

$$a_s = D_s A(|P_s|) + \max(F_s, 0);$$

$$a_p = H_e a_e + H_w a_w + H_n a_n + H_s a_s - S_p \Delta\xi\Delta\eta;$$

$$b = S_c \Delta\xi\Delta\eta;$$

$F, D$ 分别表示对流强度和扩散率，$P = F/D;$

$$A(P) = \max[0, (1 - 0.1|P|^5)];$$

$$F_e = (uh_2)_e \Delta\eta;$$

$$F_w = (uh_2)_w \Delta\eta;$$

$$F_n = (vh_2)_n \Delta\xi;$$

$$F_s = (vh_1)_s \Delta\xi;$$

$$D_e = \left(\Gamma \frac{h_2}{h_1}\right)_e \frac{\Delta\eta}{\Delta\xi_e};$$

$$D_w = \left(\Gamma \frac{h_2}{h_1}\right)_w \frac{\Delta\eta}{\Delta\xi_w};$$

$$D_n = \left(\Gamma \frac{h_1}{h_2}\right)_s \frac{\Delta\xi}{\Delta\eta_s};$$

$$D_s = \left(\Gamma \frac{h_1}{h_2}\right)_s \frac{\Delta\xi}{\Delta\eta_s};$$

$u_e, u_w, v_n, v_s$——控制体垂直面上的速度；

$\Gamma_e, \Gamma_w, \Gamma_n, \Gamma_s$——控制面上紊动扩散系数；

$\Delta\xi_e$、$\Delta\xi_w$、$\Delta\eta_n$、$\Delta\eta_s$——相邻结点网格间距。

水流方程组的求解采用 SIMPLEC 计算程式，所不同的是压力校正 $p'$ 变成水深校正 $h'$，经推导，水深校正方程为：

$$a_p' h_p' = a_e' h_e' + a_w' h_w' + a_n' h_n' + a_s' h_s' + B \tag{5-5}$$

式中，

$$a_e' = g(h_2 H\Delta\eta)_e^2 / (a_e - \sum a_{nb}^u H_{nb}^u);$$

$$a_w' = g(h_2 H\Delta\eta)_w^2 / (a_w - \sum a_{nb}^u H_{nb}^u);$$

$$a_n' = g(h_1 H\Delta\xi)_n^2 / (a_n - \sum a_{nb}^u H_{nb}^u);$$

$$a_s' = g(h_1 H\Delta\xi)_s^2 / (a_s - \sum a_{nb}^u H_{nb}^u);$$

$$B = [(h_2 H u^*)_w - (h_2 H u^*)_e]\Delta\eta + [(h_1 H v)_s - (h_1 H v^*)_n]\Delta\xi + \frac{h_1 h_2 \Delta\xi\Delta\eta(h_p^* - h_p)}{\Delta t}$$

相应水深 $h$、流速 $u$、$v$ 校正表达式为：

$$\begin{cases} h_p = h_p^* + h_p' \\[2mm] u_e = u_e^* + \dfrac{g(Hh_2)_e \Delta\eta}{a_e - \sum a_{nb}^u H_{nb}^u}(h_p' - h_e') \\[3mm] u_w = u_w^* + \dfrac{g(Hh_2)_w \Delta\eta}{a_w - \sum a_{nb}^u H_{nb}^u}(h_p' - h_w') \\[3mm] v_n = v_n^* + \dfrac{g(Hh_1)_n \Delta\xi}{a_n - \sum a_{nb}^v H_{nb}^v}(h_p' - h_n') \\[3mm] v_s = v_s^* + \dfrac{g(Hh_1)_n \Delta\xi}{a_s - \sum a_{nb}^v H_{nb}^v}(h_p' - h_s') \end{cases} \tag{5-6}$$

离散方程的求解采用交替方向隐式迭代法（ADI 法）把五对角矩阵化为三对角矩阵，再用 TDMA 法直接求解。

交替方向隐式迭代法在计算域全场扫描两次，即先逐行（或逐列）进行一次扫描，再逐列（或逐行）进行一次扫描，两次全场扫描完成一轮迭代。其具体的实施方式很多，最简单的就是采用 Jacobi 方式的按行与列的交替迭代，用公式表示为：

$$a_p T_p^{(n+1/2)} = a_e T_e^{(n+1/2)} + a_w T_w^{(n+1/2)} + (a_n T_n^{(n)} + a_s T_s^{(n)} + b) \tag{5-7a}$$

$$a_p T_p^{(n+1)} = a_n T_n^{(n+1)} + a_s T_s^{(n+1)} + (a_e T_e^{(n+1/2)} + a_w T_w^{(n+1/2)} + b) \tag{5-7b}$$

式（5-7a）、（5-7b）实际上是在时间上上采用分步的方法，将一个二维计算问题化为两个一维问题来解决，这样就完成了由五对角矩阵向三对角矩阵的转换。

将式（5-7a）、（5-7b）统一改写成：

$$A_i T_i = B_i T_{i+1} + C_i T_{i-1} + D_i \tag{5-8}$$

假设共有 $M_1$ 个节点，即 $i = 1, M_1$。显然当 $i = 1$ 时，$C_i = 0$，而 $i = M_1$ 时，$B_i = 0$，即首尾两个节点的方程中仅有两个未知数。Thomas 的求解过程分为消元与回代两步，消元时，从系数矩阵的第二行起，逐一把每行中的非零元素消去一个，使原来的三元方程化为二元方程，消元进行到最后一行时，改二元方程就化为一元，可立即得出该未知量的值。然后逐一回代，由各二元方程解出其他未知值。

经过消元过程，式（5-8）可写成如下形式：

$$T_{i-1} = P_{i-1} T_i + Q_{i-1} \tag{5-9}$$

$P_i, Q_i$ 是未知的，必须找出它们和已知量 $A_i, B_i, C_i, D_i$ 之间的关系。

以 $C_i \times$ 式（5-9）+ 式（5-8），得：

$$A_i T_i + C_i T_{i-1} = B_i T_{i+1} + C_i T_{i-1} + D_i + C_i P_{i-1} T_i + C_i Q_{i-1} \tag{5-10}$$

整理后得：

$$T_i = \frac{B_i}{A_i - C_i P_{i-1}} T_{i+1} + \frac{D_i + C_i Q_{i-1}}{A_i - C_i P_{i-1}} \tag{5-11}$$

与式（5-9）相比得：

$$P_i = \frac{B_i}{A_i - C_i P_{i-1}}, Q_i = \frac{D_i + C_i Q_{i-1}}{A_i - C_i P_{i-1}}$$

$P_i, Q_i$ 是递归的，要计算出 $P_i, Q_i$，必须最终要求知道 $P_1, Q_1$ 之值。$P_1, Q_1$ 可以由左端点的离散方程来确定：

$A_1 T_1 = B_1 T_2 + C_1 T_0 + D_1$，其中 $C_1 T_0 = 0$

$P_1 = B_1 / A_1, Q_1 = D_1 / A_1$

有了 $P_1, Q_1$ 之值，便可依次计算出 $P_i, Q_i$。

令式（5-11）中下标 $i - 1$ 为 $M_1$，则：

$$T_{M1} = Q_{M1}$$

有了 $T_{M1}, P_i, Q_i$ 之值，再利用式（5-11）便可逐个回代，求出 $T_i$。

**3. 恒定流场收敛判断**

在迭代计算过程中,必须规定收敛标准,以控制计算的走向,采用流速场是否满足连续性方程作为收敛判别的依据。

收敛判别一般采用以下两个条件作为收敛判别的标准:一是相对质量源之和 $\sigma_{mp}$ 足够小,而是相对质量源的极大值 $m_{pmax}$ 足够小。以 $m_{p(i,j)}$ 表示包括节点 $(i,j)$ 的控制体积内连续方程剩余质量源的绝对值,$Q$ 表示进口总流量,则计算收敛必须满足:

$$\sigma_{mp} = \sum m_{p(i,j)}/Q < \varepsilon_1 \qquad (5\text{-}12)$$

$$m_{pmax} = \max_{ij}(m_{p(i,j)})/Q < \varepsilon_2 \qquad (5\text{-}13)$$

恒定流根据计算域长度的大小不同,迭代次数一般为 150~500 次;恒定含沙量场计算时间步长可取 $10^{30}$ 秒,迭代 4~5 次。

非恒定流在每一时步内 $u$、$v$、$k$、$\varepsilon$ 方程迭代次数为 2~3 次,$h'$ 场迭代 4~6 次;非恒定沙场迭代 4~5 次。

**4. 求解步骤**

整个水流、泥沙计算步骤为:

(1)根据河道比降或水面线推求确定初始水位场 $h^*$;

(2)求解动量离散方程得 $u^*$、$v^*$;

(3)计算离散方程(5-5),得 $h'$;

(4)依式(5-12)判断恒定流场是否收敛,若满足收敛判断,则执行步骤(9),否则继续下一步;

(5)按计算式(5-6)分别得水位 $h$、流速 $u$、$v$;

(6)据统一方程的离散格式(5-4),求解 $k$、$\varepsilon$ 方程,得 $k$、$\varepsilon$;

(7)计算紊动粘数的分布,$v_t = C_u k^2/\varepsilon$;

(8)将校正后的水位作为新的估算值,返回步骤(2);

(9)据(5-4)的离散格式求解分组含沙量方程;

(10)求解河床变量方程(5-2);

(11)校正河床高程,进行下一步计算。

计算流程图如图 5-1 所示。

**5. 数学模型计算有关问题的处理**

(1)各物理量初始场的设定

初始水位场可利用计算域上、下边界水位和纵向网格间距进行线性插值,在横向上可以不考虑横比降。对于初始速度场设为冷启动,$u = v = 0$。紊动量 $k$、$\varepsilon$ 初始分布,采用全场均匀分布。

(2)移动边界的处理

河道中的边滩和江心洲,以及河口滩地等随水位波动其边界位置也发生相应调整。在计算中精确地反映边界位置是比较困难的,因为计算网格间距往往达到数十米,为了体现不同潮位和流量下边界位置的变化,常采用"冻结"技术,即将露出单元的河床高程降至水面以下,并预留薄水层水深,同时更改其单元的糙率($n$ 取 $10^{30}$ 量级),使得露出单元 $u$、$v$ 计算值自动为 0,水位冻结不变,这样就将复杂的移动边界问题处理成固定边界问题。

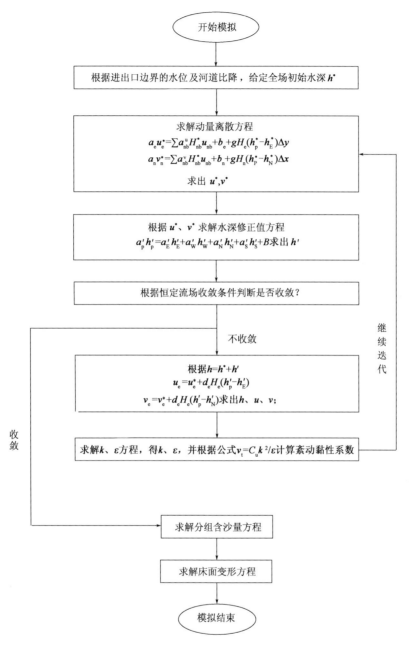

图 5-1　计算流程图

（3）水流、悬沙方程计算时步长的选择

本模型中，水流和悬沙方程采用守恒性较好的控制体积法离散，在动量方程、紊动量方程及分组含沙量方程的离散过程中已隐含连续方程，因而计算模式具有较好的稳定性。水流方程组迭代计算时步长 $\Delta t_f = 30 \mathrm{s}$，悬沙方程计算时步长 $\Delta t_s = 30 \mathrm{s}$。每一时步流场和沙场叠代步数约需 2～4 次，本模式由于采用了边界贴体坐标系统，使曲线网格沿河道走向布置，同时采用守恒性较好的控制体积法离散水流和泥沙统一的偏微分方程,因而具有占用储存少和收敛速度快的优点。

### 5.1.2　长河段并行程序开发

(1)并行计算研究现状。

目前,数学模型在水流、波浪、泥沙和水环境已经得到广泛应用,几乎每一个具体工程都要运用数学模型回答相关的工程问题,如沿海港口、河口以及内河航道整治等。但对于大范围海区、长河道的计算平台的建设由于受到 PC 计算机计算能力的限制,还处于起步阶段。另外,对于局部复杂水流结构和大范围流域系列年水沙计算等的模拟,需要建立复杂的模型,计算容量和运行速度要求很高。虽然个人计算机的计算能力已经得到了飞速发展,但还远远不能满足不断提高的科学计算需要,这就要求我们采用高效并行技术,以满足我们的计算需求。

国外少数商业软件已实现计算并行化,如 FLUENT;大多数商业软件均未实现并行功能,但已经展开相关并行程序的开发。在国内,虽然交通运输部天津水运工程科学研究所已经研制出了具有自主知识产权的国内品牌软件——TK2D,在解决海岸河口地区海岸工程、水运水利工程及港口工程等方面,都取得了较好效果,但在计算程序并行化方面还存在不足。

(2)并行程序开发。

在平面二维水流泥沙计算程序软件化的基础上,我们对 TK-2DC 软件的计算核心部分进行了并行程序的开发,可用于长河段的河床演变趋势预测、方案形成过程论证及治理效果评估中。主要包括对水流对流扩散模型和泥沙对流扩散模型的并行化研究,整个并行计算部分采用对等模式,每个进程分别读入数据,计算结束后,对每个进程进行全收集,仅对零进程进行输出,由于该二维水沙模型采用贴体正交曲线网格,因此区域的划分只对列进行,如果总列数不能整除总进程数,那么从零进程开始,在每个进程上分别加1,以达到每个进程的计算负载平衡。其中,对解方程方法和特殊点都做了相应的特殊处理,以获得更好的并行加速比和并行效率,该并行程序基于 MPI 进行并行编程,MPI 通过独立于计算机语言的函数库来实现,具有很好的可扩展性、可移植性和效率高等特点。

该并行计算程序已经应用到“长江中游牯牛沙水道航道整治工程”项目中,取得了很好的效果,计算速度得到了明显提高,到目前为止,8 个 CPU 以下并行效率可以达到80%以上,也就是说计算速度是普通计算机的 6 倍以上,大大加快了计算效率。同时,为长河段数字流域模型的建立及洪水预报模型的建立奠定了基础。

二维水沙并行计算程序同样是基于自主代码编制,具有独立的知识产权。为下一步软件的进一步完善、扩充及三维数学模型的发展打下了坚实的技术基础。

### 5.1.3　二维水沙数学模型在长河段的应用

以沙市—监利长河段为背景介绍二维水沙数学模型的模拟技术。

(1)模型的构建

为了反映河段内上下游水动力和泥沙条件的紧密联系,数学模型为平面二维水沙数学模型,计算范围为沙市—监利河段(图5-2),采用 TK-2DC 软件建立了二维水沙数学模型。模型计算范围上起陈家湾,下至天字一号,自上而下共包含太平口、瓦口子、马家咀、斗湖堤、马家寨、郝穴、周公堤、天兴洲、藕池口、石首、碾子湾、河口、调关、莱家铺、塔市驿、窑集佬、监利和大马洲等十八个水道,全长约195km。针对计算平台既要反映河段宏观特性、又要反映局部河道演变特性,因此所需要的计算网格密度较大的情况,河段网格划分为1501×151,即沿水流方向布置1501个节点,垂直于水流方向布置151个节点。其中在重点碍航水道及航道整治工程布置区域对网格进行适度的加密。

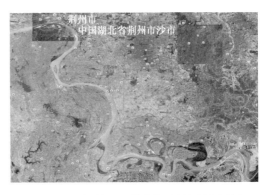

图5-2 二维弯道长河段数学模型计算范围示意图

(2)工程效果模拟及评价

以2008年1月地形为起算地形,采用三峡运行后2005年一年和2005~2007三年的水沙条件对藕池口和窑监河段总体方案进行动床模拟计算。藕池口河段总体工程方案主要包括5个部分:藕池口心滩守护工程、右岸护岸工程、倒口窑心滩守护及鱼骨坝工程、左岸护岸加固工程和右岸护岸加固工程。窑监河段总体方案由6部分组成,即洋沟子边滩护滩、洲头心滩鱼骨坝、乌龟洲洲头、右缘及洲尾护岸、新河口边滩顺格坝、太和岭护岸及太和岭清障工程。

经过航道模拟技术的模拟,结果表明:工程区内略有冲淤,和工程前相比,分别经过不同水沙过程作用后,主航槽内泥沙淤积幅度有所增加。在大水中沙年份2005年(图5-3)水沙作用后相对冲淤幅度较大,左汊主航槽内最大相对淤积厚度在0.1m以内,倒口窑心滩鱼骨坝工程区域有所冲刷,最大相对冲刷深度在0.05m以内,在中水小沙年(2007年)水沙作用后左汊航槽内相对淤积幅度有所减小,大多数区域相对淤积幅度在0.05m以内,倒口窑心滩鱼骨坝工程区域相对冲淤变化不大。2005~2007三个水文年过程后,倒口窑心滩左汊航槽内河床相对冲淤基本没有变化,鱼骨坝工程区域和陀阳树边滩下游相对冲刷深度也有所减小。工程实施后,该河段设计水位下3.5m航深可以贯通,河段内3.5m等深线最小宽度在300m以上。

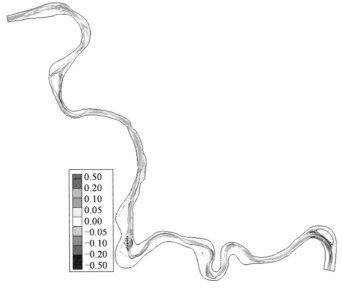

图5-3 工程实施前后河床冲淤相对变化图(2005水文年后)

# 5.2 三维非静压水流数学模型模拟技术研究

目前内河三维水流数学模型多是浅水模型,三维浅水模型是基于静压假设的,也就是模型中压力项用静压求解公式代替。很多学者和专家研究过静水压强假设下的三维浅水方程的数值解法,主要是由于这种模型在精细模拟大区域水流流动时的计算代价不高,对 PC 机的要求不高,且可以满足大部分的物理规律的认识精度需求。然而,弯曲河流需要对弯道环流等局部精细水流结构进行精确模拟分析,静压模型在处理河道边界形态变化剧烈、垂向加速度较大的问题时所得的结果还是不尽如人意的,需要考虑应用非静压模型。本文提出的三维非静压模型基于非结构化网格求解,采用有限差分法和有限体积法相结合的方法对控制方程在空间上进行离散,采用分步法求解压力泊松方程,使压力项分解为静水压力项和动水压力项来单独处理。

## 5.2.1 控制方程

笛卡儿坐标系下的三维不可压缩 Navier-Stokes 方程为:

$$\frac{\partial u}{\partial x} + \frac{\partial v}{\partial y} + \frac{\partial w}{\partial z} = 0 \tag{5-14}$$

$$\frac{\partial u}{\partial t} + \frac{\partial u^2}{\partial x} + \frac{\partial uv}{\partial y} + \frac{\partial uw}{\partial z} = fv - \frac{1}{\rho}\frac{\partial P}{\partial x} + \frac{\partial}{\partial x}\left(\gamma\frac{\partial u}{\partial x}\right) + \frac{\partial}{\partial y}\left(\gamma\frac{\partial u}{\partial y}\right) + \frac{\partial}{\partial z}\left(\gamma\frac{\partial u}{\partial z}\right) \tag{5-15}$$

$$\frac{\partial v}{\partial t} + \frac{\partial uv}{\partial x} + \frac{\partial v^2}{\partial y} + \frac{\partial vw}{\partial z} = -fu - \frac{1}{\rho}\frac{\partial P}{\partial y} + \frac{\partial}{\partial x}\left(\gamma\frac{\partial v}{\partial x}\right) + \frac{\partial}{\partial y}\left(\gamma\frac{\partial v}{\partial y}\right) + \frac{\partial}{\partial z}\left(\gamma\frac{\partial v}{\partial z}\right) \tag{5-16}$$

$$\frac{\partial w}{\partial t} + \frac{\partial uv}{\partial x} + \frac{\partial vw}{\partial y} + \frac{\partial w^2}{\partial z} = -g - \frac{1}{\rho}\frac{\partial P}{\partial z} + \frac{\partial}{\partial x}\left(\gamma\frac{\partial w}{\partial x}\right) + \frac{\partial}{\partial y}\left(\gamma\frac{\partial w}{\partial y}\right) + \frac{\partial}{\partial z}\left(\gamma\frac{\partial w}{\partial z}\right) \tag{5-17}$$

式中,$u,v,w$ 分别为速度矢量沿 $x,y,z$ 三个坐标轴的分量;$\rho$ 为水体密度;$g$ 为重力加速度;$P$ 为压力;$f$ 为科氏力系数;$\gamma$ 为涡黏系数。

对连续性方程式(5-14)从底面 $-h(x,y)$ 到表面 $\eta(x,y,t)$ 积分得到水位演化方程:

$$\frac{\partial \eta}{\partial t} + \frac{\partial}{\partial x}\int_{-h}^{\eta} u\mathrm{d}z + \frac{\partial}{\partial y}\int_{-h}^{\eta} v\mathrm{d}z = 0 \tag{5-18}$$

标准 $k \sim \varepsilon$ 紊流模型可以表达为:

$$\frac{Dk}{Dt} - \nabla\left[\frac{v_t}{\sigma_k}\nabla k\right] = c_\mu\frac{k^2}{\varepsilon}G - \varepsilon \tag{5-19}$$

$$\frac{D\varepsilon}{Dt} - \nabla\left[\frac{v_t}{\sigma_\varepsilon}\nabla \varepsilon\right] = c_1\frac{\varepsilon}{k}G - c_2\frac{\varepsilon^2}{k} \tag{5-20}$$

式中,$c_1 = 1.14$,$c_2 = 1.92$,$c_\mu = 0.09$,$\sigma_k = 1.0$,$\sigma_\varepsilon = 1.3$,$G$ 为湍动能的产生项,可以表达为:

$$G = (\partial u_i/\partial x_j + \partial u_j/\partial x_i)(\partial u_i/\partial x_j) \tag{5-21}$$

将方程(5-15)~(5-17)中的压力项 $P$ 能分解为静水压力项和动水压力项。即有:

$$P(x,y,z,t) = p_a(x,y,t) + g[\eta(x,y,t) - z] + g\int_z^\eta \frac{\rho - \rho_0}{\rho_0} + q(x,y,z,t) \qquad (5\text{-}22)$$

式中，$p_a(x,y,t)$ 为大气压力；$g[\eta(x,y,t) - z]$，$g\int_z^\eta \frac{\rho - \rho_0}{\rho_0}\mathrm{d}z$ 为静水压力的正压项和斜压项；$q(x,y,z,t)$ 为动水压力项。

### 5.2.2　控制方程定解条件

（1）初始条件

因为水体的动力（流场）过程调整较快，初始值一般取为0。

$$u(x,y,z,0) = 0 \qquad (5\text{-}23)$$

$$v(x,y,z,0) = 0 \qquad (5\text{-}24)$$

$$w(x,y,z,0) = 0 \qquad (5\text{-}25)$$

$$\eta(x,y,0) = \eta_0(x,y) \qquad (5\text{-}26)$$

$$k(x,y,z,0) = k_0(x,y,z) \qquad (5\text{-}27)$$

$$\varepsilon(x,y,z,0) = \varepsilon_0(x,y,z) \qquad (5\text{-}28)$$

（2）边界条件

①自由表面边界条件

对紊流变量，$k$ 和 $\varepsilon$ 通常由下式给定：

$$\frac{\partial k}{\partial z} = 0, \varepsilon = (k\sqrt{c_\mu})^{1.5}/(0.07\kappa h) \qquad (5\text{-}29)$$

②底面边界条件

在底层边界处，平行于底面的速度通过对数律来求得：

$$\frac{V_\tau}{V_*} = \frac{1}{\kappa}\log_e C \qquad (5\text{-}30)$$

式中，$V_\tau$ 是平行于底面的速度；$V_*$ 为剪切速度，且有：

$$C = \begin{cases} \dfrac{30.0}{k_s}\Delta y & \text{粗糙底面} \\[3mm] \dfrac{9.05 V_*}{\nu}\Delta y & \text{光滑底面} \end{cases} \qquad (5\text{-}31)$$

式中，$k_s$ 为当量粗糙度。

对紊流变量，$k$ 和 $\varepsilon$ 通常由下式给定：

$$k = \frac{V_*^2}{\sqrt{c_\mu}}, \varepsilon = \frac{|V_*|^3}{\kappa\Delta y} \qquad (5\text{-}32)$$

③入流边界条件

对于水位入流边界，通常采用实测的水位资料或者采用更大范围数学模型计算的水位值作为控制条件。在明渠流计算中，一般上游端给出流量（流速）边界。若给出流速（流量）作为边界条件时，需要沿断面宽度和沿水深进行分布计算，根据断面宽度函数和垂向流速沿水深对数分布函数给出。若给出水位边界条件时，流速边界通常采用法向梯度为零来处理。

在入流边界，紊流变量值按如下方式给出：

$$u = \text{constant} \tag{5-33}$$

$$k = 0.03u^2, \varepsilon = c_\mu \frac{k^{1.5}}{0.09h} \tag{5-34}$$

④出流边界条件

在出口边界处,$k$ 和 $\varepsilon$ 的法向梯度为 0。

### 5.2.3　数值求解方法

用分步法来求解三维 Navier-Stokes 方程。第一步,不考虑水平动量方程(5-15)、(5-16)中的动水压力梯度项,得到预测步的流速和水位,为了提高模型的稳定性,风应力项、垂向黏性项和底摩阻项采用隐式离散。第二步,考虑动水压力项影响来校正预测的流速,使其满足连续性方程,为了考虑动水压力对水位的影响,动量方程中包含非静水压力项。

文中三维计算域在水平方向的投影采用非结构化网格覆盖,垂向上进行分层离散,在三维区域实际上采用的是棱柱形网格。流速、水位和动水压力项采用交错定义,水位和压力定义在平面单元的中心,水平方向的流速在水平面上定义在边的中心,垂向定义在单元的垂向中心。单元用 $i$ 作索引,边用 $j \in [1, ns]$ 作索引,边 $j$ 的相邻单元用 $i(j,1)$ 和 $i(j,2)$ 索引,构成单元的边用 $jb(i,j)$ 索引,构成边的节点用 $jd(i,j)$ 索引,层用 $k \in [1, nz]$ 作索引,每个层的底部索引为 $nzb$,顶部索引为 $nzt$。对于给定层 $z_{k+1/2}$,垂向空间步长为

$$\Delta z_k = z_{k+1/2} - z_{k-1/2}, k = 1, 2, \cdots, nz \tag{5-35}$$

(1)数值离散

方程组第一步求解得到预测的流速和水位,用 $\overline{u}$、$\overline{v}$、$\overline{w}$ 和 $\overline{\eta}$ 表示。第二步通过动水压力修正预测的流速和水位,用 $u$、$v$、$w$ 和 $\eta$ 表示。为了数值离散方便,并保证连续方程(5-14)和水位演化方程(5-18)的守恒性,采用半隐式有限差分的方法离散水平动量方程(5-14),采用半隐式有限体积法离散水位演化方程(5-18)。

①第一步:静水压强假定计算

采用半隐式有限差分的方法离散水平动量方程,如下

$$\frac{\overline{u_{j,k}^{n+1}} - u_{j,k}^n}{\Delta t} = F(u_{j,k}^n) - g\left[\frac{(1-\theta)(\eta_{i(j,2)}^n - \eta_{i(j,1)}^n)}{\delta_j} + \frac{\theta(\eta_{i(j,2)}^{n+1} - \eta_{i(j,1)}^{n+1})}{\delta_j}\right] +$$
$$\frac{1}{\Delta z_{j,k}}\left[\gamma_{j,k+1/2}^v \frac{\overline{u_{j,k+1}^{n+1}} - \overline{u_{j,k}^{n+1}}}{\Delta z_{j,k+1/2}} - \gamma_{j,k-1/2}^v \frac{\overline{u_{j,k}^{n+1}} - \overline{u_{j,k-1}^{n+1}}}{\Delta z_{j,k-1/2}}\right] \tag{5-36}$$

$$\frac{\overline{v_{j,k}^{n+1}} - v_{j,k}^n}{\Delta t} = F(v_{j,k}^n) - g\left[\frac{(1-\theta)(\eta_{jd(j,2)}^n - \eta_{jd(j,1)}^n)}{l_j} + \frac{\theta(\eta_{jd(j,2)}^{n+1} - \eta_{jd(j,1)}^{n+1})}{l_j}\right] +$$
$$\frac{1}{\Delta z_{j,k}}\left[\gamma_{j,k+1/2}^v \frac{\overline{v_{j,k+1}^{n+1}} - \overline{v_{j,k}^{n+1}}}{\Delta z_{j,k+1/2}} - \gamma_{j,k-1/2}^v \frac{\overline{v_{j,k}^{n+1}} - \overline{v_{j,k-1}^{n+1}}}{\Delta z_{j,k-1/2}}\right] \tag{5-37}$$

式中,$k = nzb, nzb+1, \cdots nzt-1$。上标 $n+1$ 和 $n$ 分别为计算时间步和当前时间步;$\Delta t$ 为时间步长;$\theta$ 为隐式求解系数,为保证格式的稳定性 $\theta \geq 0.5$;流速的正方向为 $i(j,1)$ 到 $i(j,2)$。$i(j,1)$ 和 $i(j,2)$ 为共享边 $j$ 的两单元,两单元中心的距离为 $\delta_j$;$F$ 为对流项、科氏力项和水平黏性项的 Semi-Lagrangian 离散。方程(5-36)和(5-37)写为矩阵形式为:

$$B_j^n \overline{U_j^{n+1}} = G_j^n - \theta g \frac{\Delta t}{\delta_j} [\eta_{i(j,2)}^{n+1} - \eta_{i(j,1)}^{n+1}] \Delta Z_j \tag{5-38}$$

$$B_j^n \overline{V_j^{n+1}} = H_j^n - \theta g \frac{\Delta t}{l_j} [\eta_{jd(j,2)}^{n+1} - \eta_{jd(j,1)}^{n+1}] \Delta Z_j \tag{5-39}$$

类似方程(5-36)垂向动量方程(5-17)有限差分离散为:

$$\frac{\overline{w_{i,k+1/2}^{n+1}} - w_{i,k+1/2}^n}{\Delta t} = F(w_{i,k+1/2}^n) + \frac{1}{\Delta z_{i,k+1/2}}$$

$$\left[ \frac{\gamma_{i,k+1}^v (\overline{w_{i,k+3/2}^{n+1}} - \overline{w_{i,k+1/2}^{n+1}})}{\Delta z_{i,k+1}} - \frac{\gamma_{i,k}^v (\overline{w_{i,k+1/2}^{n+1}} - \overline{w_{i,k-1/2}^{n+1}})}{\Delta z_{i,k}} \right] \tag{5-40}$$

式中,$F$ 为对流项和水平黏性项的 Semi-Lagrangian 离散。

为了确定$\overline{\eta_i^{n+1}}$,采用半隐式有限体积法离散水位演化方程(5-18),即水位函数法,有:

$$A_i \eta_i^{n+1} = A_i \eta_i^n - \Delta t \theta \sum_{j=1}^{ns} [l_j S_{i,j} [\Delta Z_{j,k}]^T \overline{U_{j,k}^{n+1}}] - \Delta t (1-\theta) \sum_{j=1}^{ns} [l_j S_{i,j} [\Delta Z_{j,k}]^T \overline{U_{j,k}^n}] \tag{5-41}$$

式中,$P_i$ 是控制体的面积;$\overline{U_{j,k}^{n+1}}$ 和 $\overline{V_{j,k}^{n+1}}$ 是水平流速 $u$ 和 $v$ 的向量形式;$S_{i,j} = \pm 1$ 表示质量的流入与流出,采用下式计算

$$S_{i,j} = \frac{je[jb(i,j),2] - 2i + je[jb(i,j),1]}{je[jb(i,j),2] - je[jb(i,j),1]} \tag{5-42}$$

从式(5-38)和(5-39)得到$\overline{U_{j,k}^{n+1}}$和$\overline{V_{j,k}^{n+1}}$,并代入方程(5-41)有:

$$A_i \overline{\eta_i^{n+1}} - g\theta^2 \Delta t^2 \sum_{j=1}^{ns} \frac{S_{i,j} l_j}{\delta_j} [(\Delta Z)^T B^{-1} \Delta Z]_j^n \times (\overline{\eta_{i(j,2)}^{n+1}} - \overline{\eta_{i(j,1)}^{n+1}}) = A_i \eta_i^n - (1-\theta)$$

$$\Delta t \sum_{j=1}^{ns} S_{i,j} l_j \times [(\Delta Z)^T U]_j^n - \theta \Delta t \sum_{j=1}^{ns} S_{i,j} l_j [(\Delta Z)^T B^{-1} G]_j^n \tag{5-43}$$

上式是关于$\overline{\eta_i^{n+1}}$的对称正定的线性方程组,由预处理的共轭梯度法求解。一旦求出预测水位$\overline{\eta_i^{n+1}}$,可以通过方程(5-37)和(5-38)求出水平方向的预测流速。静压模型由连续性方程(5-14)求得;非静压模型有垂向流速通过方程(5-40)求得,模型为半隐式,取 $\theta = 0.5$。

②第二步:非静压修正计算

由于预测的流速场不满足连续性方程,通过考虑动水压力项的影响来修正预测步的流速场($u_{j,k}^{n+1}, v_{j,k}^{n+1}, w_{i,k}^{n+1}$)得到新的流速场($u_{j,k}^{n+1}, v_{j,k}^{n+1}, w_{i,k}^{n+1}$),因此,动水压力修正值由满足连续性方程条件得到。存在下面压力关系式,

$$q = q^* + \overline{q} \tag{5-44}$$

式中,$q^*$ 为不修正的动水压力项;$\overline{q}$ 为动水压力修正值。

离散动量方程可以表示为:

$$u_{j,k}^{n+1} = \overline{u_{j,k}^{n+1}} - \frac{\Delta t}{\delta_j} (\overline{q_{i(j,2),k}^{n+1}} - \overline{q_{i(j,1),k}^{n+1}}) \tag{5-45}$$

$$v_{j,k}^{n+1} = \overline{v_{j,k}^{n+1}} - \frac{\Delta t}{l_j} (\overline{q_{jd(j,2),k}^{n+1}} - \overline{q_{jd(j,1),k}^{n+1}}) \tag{5-46}$$

$$w_{i,k+1/2}^{n+1} = \overline{w_{i,k+1/2}^{n+1}} - \frac{\Delta t}{\Delta z_{j,k+1/2}} (\overline{q_{i,k}^{n+1}} - \overline{q_{i,k+1}^{n+1}}) \tag{5-47}$$

每个计算单元内,连续性方程(5-17)必须满足。有限体积法离散方程(5-17)有:

$$A_i\left(w_{i,k+1/2}^{n+1} - w_{i,k-1/2}^{n+1}\right) + \sum_{j=1}^{ns} S_{i,j} l_j \Delta z_{j,k} u_{j,k}^{n+1} = 0 \tag{5-48}$$

从方程(5-45)～式(5-47)得到的流速代入不可压缩条件(5-48),得到关于动水压力修正值的泊松方程为:

$$\Delta t \left[\sum_{j=1}^{ns}\left[l_j S_{i,j} \Delta z_{j,k} \frac{(\overline{q_{i(j,2),k}^{n+1}} - \overline{q_{i(j,1),k}^{n+1}})}{\delta_j}\right]\right] + \frac{A_i(\overline{q_{i,k}^{n+1}} - \overline{q_{i,k+1}^{n+1}})}{\Delta z_{i,k+1/2}} - \frac{A_i(\overline{q_{i,k-1}^{n+1}} - \overline{q_{i,k}^{n+1}})}{\Delta z_{i,k-1/2}} =$$

$$A_i(\overline{w_{i,k+1/2}^{n+1}} - \overline{w_{i,k-1/2}^{n+1}}) + \sum_{j=1}^{ns} l_j S_{i,j} \Delta z_{j,k} \overline{u_{j,k}^{n+1}} \tag{5-49}$$

式(5-49)为对角占优、对称、正定的线性方程组,由预处理的共轭梯度法求解得到动水压力。一旦动水压力修正值求出,代入式(5-45)～(5-47)可求出新的流速($u_{j,k}^{n+1}$, $v_{j,k}^{n+1}$, $w_{i,k}^{n+1}$),动水压力场通过式(5-44)求得。

(2)边界条件

求解 $p_i^{n+1}$ 压力泊松方程时,在固壁边界处,$p_i^{n+1}$ 的法向梯度为零;在开边界处,$p_i^{n+1}$ 要么给定或者假设法向梯度为零;在自由表面处,$p_i^{n+1}$ 为零。入流边界条件和出流边界条件在具体的问题中指定。在底层,采用流速对数率分布,底剪切应力可以表示为:

$$\gamma \frac{\partial u}{\partial z} = \frac{\tau_{xz}^b}{\rho} = \frac{\sqrt{(u_{j,k}^n)^2 + (v_{j,k}^n)^2}}{\left[2.5\ln\left(\frac{30d}{2.72k_s}\right)\right]^2} u_{j,k}^{n+1} \tag{5-50}$$

$$\gamma \frac{\partial v}{\partial z} = \frac{\tau_{yz}^b}{\rho} = \frac{\sqrt{(u_{j,k}^n)^2 + (v_{j,k}^n)^2}}{\left[2.5\ln\left(\frac{30d}{2.72k_s}\right)\right]^2} v_{j,k}^{n+1} \tag{5-51}$$

式中,$\tau_{xz}^b$ 和 $\tau_{yz}^b$ 分别为 $x$ 和 $y$ 方向的底面切应力;$d$ 为底层厚度;$k_s$ 为糙率长度。

### 5.2.4　三维水沙数学模型的应用

以牯牛沙河段为背景介绍三维水流数学模型模拟技术的应用情况。

(1)模型的构建

数学模型计算范围上游起黄石水道,下游至西塞山下游约 10km 的高家湾,模拟河段全长约 17km,模型采用无结构三角形网格。边界和工程区域网格加密,最小网格边长不足 15m,模拟区域共计 55860 个单元,动边界最小水深取 0.05m,垂向网格共分为 10 层,采用对数形式分布。

(2)工程效果模拟及评价

经过牯牛沙河段大量方案的平面二维定、动床计算,推荐了总体治理方案,总体方案的治理目标:4.5m×200m×1050m,保证率为98%。航道整治方案为:在右岸布置 4 条丁坝,坝头顶面高程为航行基面上 2m。通过三维模型进一步分析方案的可行性。通过三维水流模型进一步分析方案的可行性。

整治流量下工程区附近规划航线内水流流速在明显增大,增大幅度在 15%～25%。由此可见工程后航槽流速增加显著,丁坝群工程起到"束水攻沙"的效果,可改善牯牛沙水道因三峡水库蓄水水文过程的变化导致的严重淤积状况。从三维流场计算结果的分析可见推荐的治理方案是可行的(图 5-4)。但是工程后丁坝群左侧区域流速明显增大,整治流量下水流流速增大幅度在19%～27%左右,水流流动明显偏向左岸。整治流量下左岸近岸流速均有所增大,最大增加值达到0.15m/s,因此建议对堤岸做相应的守护工程。

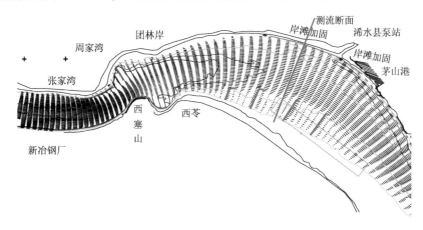

图5-4　牯牛沙水道推荐方案整治流量下表层流场图($Q = 11200\text{m}^3/\text{s}$)

## 5.3　物理模型模拟技术研究

物理模型是研究航道治理的重要手段,与物理模型相比,数学模型能减少物理模型试验河段的长度和主要设备、经费开支,能减小物理模型的时间比尺变态率和几何比尺变态率。但是数学模型计算结果的可靠性很大程度上取决于原始资料的精度和对地形、糙率等天然条件的模拟方式,同时还受到概化物理模型过程的方程式的局限性,复杂的数学模型为了保证计算值的可靠性和精度,要求比物理模型有更多、精度更高的原型实测资料作为其正确性验证。另一方面,输沙平衡状态下河床此冲彼淤现象、泥沙不平衡输沙、河床形态与水流泥沙的关系等物理过程的制约机理人们还不能精确地提出,因此还难以建立精确的动床不恒定流数学模型。因此,在水流泥沙问题比较复杂的航道整治问题中,单独采用数学模型,许多复杂的问题往往难以解决,特别是对于河道演变规律极为复杂、航道问题十分突出、治理技术难度较大的浅滩河段。

物理模型与数学模型相结合是现阶段研究枢纽下游航道治理的重要途径,这种研究途径能使两种模型相互配合,相辅相成,取得较全面而深入的研究成果。若物理模型的制模断面包括数学模型的计算断面,且水沙过程采用与数学模型基本相同的资料,数学模型和物理模型得出的结果还能起到相互验证补充的作用。因此,物理模型试验是研究航道整治问题的重要手段,也是必要手段。

在长江中下游各浅滩研究治理过程中,物理模型作为重要且有效的研究手段,开展了大量工作,覆盖了大部分重点浅水道。

# 第6章　航道整治理论及关键技术应用案例

## 6.1　弯曲-分汊组合河段联动治理应用示例

本书提出的河流几何形态自相似规律、航道治理工程类型的定位技术在长江中下游周天、藕池口、石首、碾子湾、调关、莱家铺河段、牯牛沙水道、戴家洲河段直水道等滩段的航道整治工程当中得到了应用。研究成果为长江中下游长河段系统治理提供有益的经验及技术指导作用。

例如在长江中游藕石碾航道整治工程中,根据河流几何形态自相似统计规律和非线性理论,指出石首段岸线守护的必要性和守护时机;首次采用非线性理论成果对整治河段目标河型进行了分析,同时对岸坡理想线型进行了分析,提出了曲率半径与航道条件的关系;首次提出将弯曲-分汊河段作为整体进行联动治理的理念,并提出弯曲-分汊组合河段联动治理的具体思路;首次提出了航道尺度与守护工程范围的定量表达形式,以便更合理地确定守护型工程布置及工程体量;提出了生态型护岸的结构形式和破坏形式。研究成果可为长江中下游系统治理提供重要参考。

### 6.1.1　周天—藕池口—碾子湾长河段联动治理

以周天—藕池口—碾子湾长河段为例,进行弯曲-分汊组合河段联动治理理论与技术在航道治理中的具体应用。

(1)河势与航道条件关联性分析

20世纪60年代至70年代中期,周天河段主流深泓过茅林口后,贴左岸顺势而下进入藕池口水道左汊,总体上摆动较小,有利于主流稳定于左汊;至70年代后期,周天河段内因洲滩的剧烈演变,导致深泓频繁摆动且幅度较大,致使主流过茅林口后逐渐偏离左岸,转而沿天星洲左缘进入藕池口水道右汊,促进右汊发展;但随着新厂边滩的逐渐下移,至80年代初,在陀阳树侧形成较大淤积体(如1981年、1982年),挤压主流在天星洲头部发生急转,顶冲古长堤一带岸线,主流转而沿左岸进入藕池口水道左汊;至80年代中后期,陀阳树侧淤积体下移消失,周天河段内主流深泓再度频繁摆动,主流过陀阳树后再度偏离左岸,进入藕池口水道右汊;至90年代,天星洲水道(新厂以下)深泓基本呈左槽一次过渡形态,主流贴左岸下行进入藕池口水道。与此同时,90年代以来,由于藕池口水道左汊已发展成为自古长堤以下较为顺直并向左微弯的河道,而藕池口心滩及右汊明显向右凸出于进口河道的两岸边界,无论进口主流位于左岸还是右岸,下行后均位于藕池口心滩的左侧,即进入左汊。

从以上分析来看,在20世纪90年代以前,周天河段深泓的频繁摆动,造成藕池口水道左、右汊交替发展,对藕池口水道演变影响十分明显;90年代以后,周天河段深泓摆动较小,基本呈左槽一次过渡,主流进入藕池口水道后,基本稳定在左汊,但由于藕池口水道内洲滩的剧烈演变,右汊持续坐弯并衰亡,特别是在形成倒口窑心滩后,将左汊分为左、右两槽后,藕池口水道由原来的左、右汊交替转变为左、右槽交替,而这种交替主要与藕池口水道自身的洲滩演变有关系。

近几年,由于新厂边滩上段的崩退,天星洲水道过渡段主流顶冲点上提,使得深泓由茅林口以下逐渐向右偏移,古长堤段的主流顶冲点相应上提至陀阳树对开的天星洲右缘,该段岸线局部明显崩退,导致主流沿右岸进入藕池口水道后即折向左岸沙埠矶一带进入左槽,对左槽的稳定、发展有利。

目前,上游周天河段在控导工程的作用下,近期河势格局及河道形态总体稳定,天星洲水道过渡段保持左槽一次过渡形式,新厂至茅林口一带的主流稳定在河道左侧,有利于藕池口水道左槽的稳定、发展。

对比石首切滩撇弯前后河势变化图来看,石首切滩撇弯前,石首弯道主流顶冲点在东岳山以上,受东岳山矶头挑流影响,北门口段发生淤积,鱼尾洲处顶冲点上提,浅滩主要以正常浅滩形式存在,浅情并不严重;切滩撇弯后,进入石首弯道的主流走新河,撇开东岳山节点控制,顶冲北门口一带,使北门口一带岸线崩退,主流在鱼尾洲处的顶冲点持续下移,由于主流的改变,碾子湾水道上深槽尖潭不断下伸,倒套不断上窜,在交错范围内构成碍航沙埂,形成典型的交错浅滩,航道形势最为严峻;1998年特大洪水后,上下边滩发育较为完整高大,主流顶冲点进一步下移,汛后退水期浅滩鞍凹大量冲刷,浅滩平面形态由交错浅滩向正常浅滩转化,航道形势相对好转。

目前碾子湾水道已经实施了整治工程,航道条件明显改善,上游藕池口水道对其的影响主要表现在北门口岸线的冲刷上,从目前藕池口本期工程推荐方案的模型成果来看,上游实施工程后将加剧对北门口一带岸线的冲刷,究其原因主要是倒口窑心滩左缘侧蚀后,主流下泄的流路更为平顺,水流动能沿程消耗较少,下泄至转折点北门口处后,势必加剧对该段岸线的冲刷(图6-1)。

(2)整治措施的确定

依据非线性河床演变理论成果,同时考虑上下游水道河势与航道的关联性,确定周公堤水道选择右槽一次过渡,天星洲水道为左槽一次过渡,同时藕池口水道选择左槽为主航道,经石首弯道后,逐渐过渡至碾子湾水道。为了使航路平顺、上下游航槽衔接,滩槽格局稳定,对周公堤水道左岸实施控导工程、新厂边滩实施高滩守护、陀阳树边滩实施守护工程、倒口窑心滩实施守护工程、南碾子湾实施护滩带工程,对岸下游实施守控工程,各个河段工程相互配合,塑造理想的滩槽形态和目标河型,提高长河段航路的稳定性,实现规划航道尺度目标。具体方案见图6-2。

(3)治理效果评价

本书根据非线性河流动力演变理论及河势稳定理论研究表明,河相系数为4时,河势与航道均趋于稳定。因此,以河相关系作为评价指标,分别对周天河段、藕池口水道和碾子湾水道的工程效果进行评价。2002年4月(工程前)周天河段的平均河相系数为4.848,2010年12月(工程完工后)为4.834;2006年6月(工程实施前)藕池口水道的平均河相系数为6.515,2014年2月(工程后)为4.47;2002年11月(工程实施前)碾子湾水道的平均河相系数为4.753,2010年3月(工程试运行后)为4.205。整体上,三个水道在工程实施后,航槽均向窄深的方向发展,同时河相系数逐渐接近于4.0,河段的河势逐渐趋于稳定,达到了预期工程效果(表6-1~表6-3)。

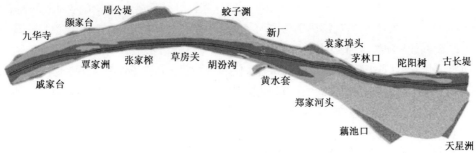

a)周公堤水道为上过渡形式；天星洲水道为左槽一次过渡形式

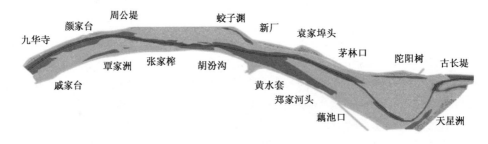

b)周公堤水道为中过渡形式；天星洲水道为二次过渡形式

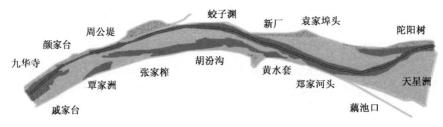

c)周公堤水道为下过渡形式；天星洲水道为右槽一次过渡形式

图6-1　周天-藕池口河段河势关联图

**周天河段航道整治工程实施前后河相系数的变化**　　　　　　　表6-1

| 时　　间 | 2002.04（工程前） | | | 2010.12（工程后） | | |
|---|---|---|---|---|---|---|
| 断面编号 | 水面宽（m） | 平均水深（m） | 河相系数 | 水面宽（m） | 平均水深（m） | 河相系数 |
| CS01 | 1058 | 4.88 | 6.67 | 932 | 6.35 | 4.81 |
| CS02 | 1451 | 4.03 | 9.45 | 1070 | 6.00 | 5.45 |
| CS03 | 1378 | 4.33 | 8.57 | 1301 | 4.62 | 7.81 |
| CS04 | 1245 | 4.10 | 8.61 | 1039 | 6.15 | 5.24 |
| CS05 | 1044 | 4.72 | 6.85 | 850 | 6.67 | 4.37 |
| CS06 | 709 | 6.06 | 4.39 | 727 | 9.02 | 2.99 |
| CS07 | 1111 | 4.09 | 8.15 | 1110 | 7.95 | 4.19 |
| CS08 | 969 | 4.45 | 7.00 | 1073 | 6.74 | 4.86 |
| CS09 | 1220 | 4.16 | 8.40 | 1037 | 8.31 | 3.88 |
| CS10 | 583 | 7.65 | 3.16 | 919 | 6.39 | 4.74 |
| | 河相系数河段平均 | | 4.848 | 河相系数河段平均 | | 4.834 |

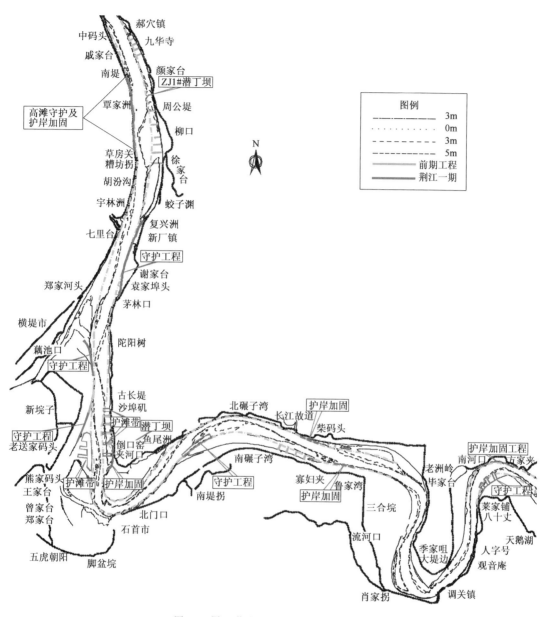

图6-2　周天-藕池口-碾子湾河段工程方案图

### 藕池口水道航道整治工程实施前后河相系数的变化

表6-2

| 时　间 | 2006.06（工程前） | | | 2014.03（工程后） | | |
|---|---|---|---|---|---|---|
| 断面编号 | 水面宽（m） | 平均水深（m） | 河相系数 | 水面宽（m） | 平均水深（m） | 河相系数 |
| CS01 | 939 | 5.5 | 5.57 | 776 | 7.05 | 3.95 |
| CS02 | 930 | 5.65 | 5.4 | 976 | 6.74 | 4.63 |
| CS03 | 772 | 6.62 | 4.2 | 1219 | 4.94 | 7.06 |
| CS04 | 1046 | 4.68 | 6.9 | 1001 | 5.86 | 5.4 |

| 时 间 | 2006.06（工程前） | | | 2014.03（工程后） | | |
|---|---|---|---|---|---|---|
| 断面编号 | 水面宽(m) | 平均水深(m) | 河相系数 | 水面宽(m) | 平均水深(m) | 河相系数 |
| CS05 | 1107 | 4.52 | 7.35 | 550 | 10.83 | 2.17 |
| CS06 | 1887 | 2.42 | 17.94 | 1172 | 5.56 | 6.16 |
| CS07 | 1354 | 3.42 | 10.76 | 1252 | 4.95 | 7.16 |
| CS08 | 1275 | 4.37 | 8.17 | 1147 | 5.97 | 5.67 |
| CS09 | 770 | 7.57 | 3.66 | 750 | 9.18 | 2.98 |
| CS10 | 868 | 8.97 | 3.29 | 1045 | 8.37 | 3.86 |
| CS11 | 662 | 15.3 | 1.68 | 659 | 15.27 | 1.68 |
| CS12 | 711 | 8.15 | 3.27 | 753 | 9.34 | 2.94 |
| 河相系数河段平均 | | | 6.515 | 河相系数河段平均 | | 4.47 |

**碾子湾航道整治工程实施前后河相系数的变化** 表6-3

| 时 间 | 2002.11（工程前） | | | 2010.03（工程后） | | |
|---|---|---|---|---|---|---|
| 断面编号 | 水面宽(m) | 平均水深(m) | 河相系数 | 水面宽(m) | 平均水深(m) | 河相系数 |
| CS01 | 591 | 9.51 | 2.56 | 708 | 10.07 | 2.64 |
| CS02 | 829 | 5.57 | 5.17 | 823 | 6.43 | 4.46 |
| CS03 | 726 | 6.15 | 4.38 | 984 | 6.20 | 5.06 |
| CS04 | 613 | 5.83 | 4.25 | 793 | 4.97 | 5.67 |
| CS05 | 501 | 8.76 | 2.56 | 771 | 6.73 | 4.13 |
| CS06 | 774 | 6.50 | 4.28 | 591 | 8.70 | 2.79 |
| CS07 | 803 | 5.49 | 5.16 | 650 | 9.21 | 2.77 |
| CS08 | 968 | 3.62 | 8.59 | 951 | 7.10 | 4.34 |
| CS09 | 888 | 4.43 | 6.73 | 996 | 6.15 | 5.13 |
| CS10 | 641 | 6.57 | 3.85 | 835 | 5.71 | 5.06 |
| 河相系数河段平均 | | | 4.753 | 河相系数河段平均 | | 4.205 |

### 6.1.2 上下游河段关联性强弱对下游分汊河段通航主汊选择的指导

关联性较强的河段治理宜从上至下系统规划,进行联动整治,其主要目的是保证上、下游河势平顺衔接,避免因上、下游河势的不顺导致工程达不到预期效果,这对航道整治的选槽选汊尤为重要。如石头关河段不具有阻隔性作用,当上游新堤河段左汊为主汊时,水流顶冲石头关右岸,引起赤壁山挑流作用增强,导致下游陆溪口河段中港冲刷和直港淤积;反之,将促进直港的冲刷发展。对该河段治理宜先选择上游新堤河段的主槽,再选择陆溪口河段的主槽。若新堤河段选择右汊作为主槽,陆溪口河段应选择直港作为主槽(图6-3)。

对于无关联性或关联性较弱,应维持阻隔性特征,防止不利变化导致阻隔性消失或减弱。当上游梯级水库修建等引起水沙条件突变时,可能引起凹岸大幅崩退、凸岸滩体大幅度萎缩等使得河道变得宽浅,原有的阻隔性逐渐减弱,应对这种变化应及时采取预防性措施。如三峡水库蓄水后,长江中下游含沙量锐减,受此影响,龙口河段凸岸边滩明显蚀退,河道展宽,可能向微弯分汊型发展,长期来看,这种变化不利于该河段阻隔性的保持,凸岸边滩及时守护显得尤为重要(图6-4)。

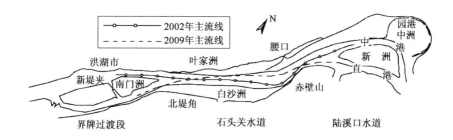

图6-3　石头关-陆溪口河段河势图

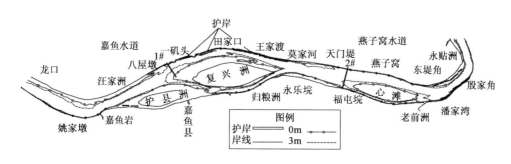

图6-4　龙口河段河势图

## 6.2　非线性理论及河势稳定性理论成果在目标河型和航路选择中的应用

本书基于河湾河势单元非线性动力学理论,建立了航道稳定性评价指标,得到不同通航水深、航宽等约束条件下稳定航路的平面形态参数,可为目标河型和航路选择提供指导。

石首弯道段为单一弯道段,近年来受上游藕池口水道流路顺直右摆,顶冲点上提的影响,藕池口心滩左缘下段将表现为持续崩退,导致石首弯道左岸主流继续右摆坐弯。根据非线性理论对其稳定性进行评价,认为若藕池口心滩左缘下部若持续冲刷崩退,将对航道弯曲航路平面形态的稳定不利,因此,需要藕池口心滩左缘下部持续冲刷段进行护岸守护(图6-5)。

戴家洲水道为弯曲分汊河段(图6-6),以此为例分析本文提出的演变机理对弯曲分汊河段通航汊道选择的指导作用。一般是分汊河段的通航汊道选分流量大的一汊,以戴家洲为例,园水道分流稍大,但是根据本文提出的稳定判别指标,考虑到直水道指标更接近理想指标,所以选择直水道,并且不是一崩就守,等到崩一段时间更接近理想指标时再进行守护,右缘守护工程之后未出现明显水毁或破坏,且工程效果良好。

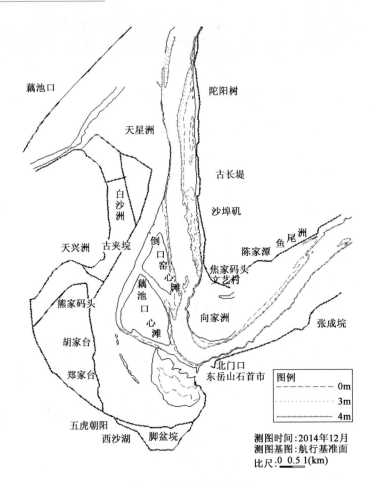

图 6-5 藕池口水道河势图

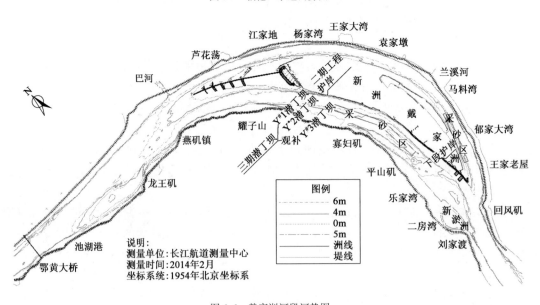

图 6-6 戴家洲河段河势图

# 6.3　航道数值模拟技术应用

应用交通运输部天津水运科学研究所自主研发的数学模型,对航道条件趋势实施了定量预测,对提出的多种工程效果进行了对比评价。

以该沙市-监利长河段为背景介绍二维水沙数学模型的模拟技术,以牯牛沙河段为背景介绍三维水沙数学模型模拟技术的应用情况。

1. 二维水沙数学模型在长河段的应用

(1)模型的构建

为了反映河段内上下游水动力和泥沙条件的紧密联系,数学模型为平面二维水沙数学模型,计算范围为沙市—监利河段(图6-7),采用TK-2DC软件建立了二维水沙数学模型。模型计算范围上起陈家湾,下至天字一号,自上而下共包含太平口、瓦口子、马家咀、斗湖堤、马家寨、郝穴、周公堤、天兴洲、藕池口、石首、碾子湾、河口、调关、莱家铺、塔市驿、窑集佬、监利和大马洲等十八个水道,全长约195km。针对计算平台既要反映河段宏观特性、又要反映局部河道演变特性,因此所需的计算网格密度较大的情况,河段网格划分为1501×151,即沿水流方向布置1501个节点,垂直于水流方向布置151个节点。其中在重点碍航水道及航道整治工程布置区域对网格进行适度的加密。

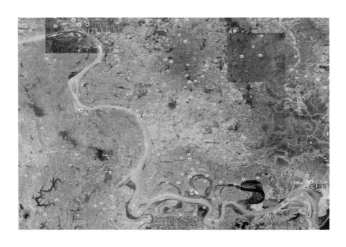

图6-7　二维弯道长河段数学模型计算范围示意图

(2)工程效果模拟及评价

以2008年1月地形为起算地形,采用三峡运行后2005年一年和2005~2007三年的水沙条件对藕池口和窑监河段总体方案进行动床模拟计算。藕池口河段总体工程方案主要包括5个部分:藕池口心滩守护工程、右岸护岸工程、倒口窑心滩守护及鱼骨坝工程、左岸护岸加固工程和右岸护岸加固工程。窑监河段总体方案由6部分组成,即洋沟子边滩护滩、洲头心滩鱼骨坝、乌龟洲洲头、右缘及洲尾护岸、新河口边滩顺坝坝、太和岭护岸及太和岭清障工程。

经过航道模拟技术的模拟,结果表明:工程区内略有冲淤,和工程前相比,分别经过不同水沙过程作用后,主航槽内泥沙淤积幅度有所增加。在大水中沙年份2005年(图6-8)水沙作用后相对冲淤幅度较大,左汊主航槽内最大相对淤积厚度在0.1m以内,倒口窑心滩鱼骨坝工程区域有所冲刷,最大相对冲刷深度在0.05m以内,在中水小沙年(2007年)水沙作用后左汊航槽内相对淤积幅度有所减小,大多数区域相对淤积幅度在0.05m以内,倒口窑心滩鱼骨坝工程区域相对冲淤变化不大。2005~2007三个水文年过程后,倒口窑心滩左汊航槽内河床相对冲淤基本没有变化,鱼骨坝工程区域和陀阳树边滩下游相对冲刷深度也有所减小。工程实施后,该河段设计水位下3.5m航深可以贯通,河段内3.5m等深线最小宽度在300m以上。

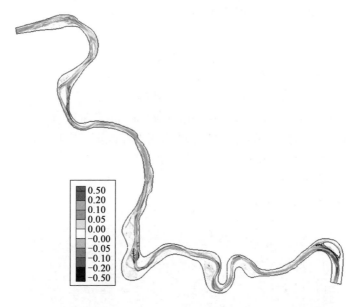

图6-8　工程实施前后河床冲淤相对变化图(2005水文年后)

2. 三维水沙数学模型的应用

(1)模型的构建

数学模型计算范围上游起黄石水道,下游至西塞山下游约10km的高家湾,模拟河段全长约17km,模型采用无结构三角形网格。边界和工程区域网格加密,最小网格边长不足15m,模拟区域共计55860个单元,动边界最小水深取0.05m,垂向网格共分为10层,采用对数形式分布。

(2)工程效果模拟及评价

经过牯牛沙河段大量方案的平面二维定、动床计算,推荐了总体治理方案,总体方案的治理目标:4.5m×200m×1050m,保证率为98%。航道整治方案为:在右岸布置4条丁坝,坝头顶面高程为航行基面上2m。通过三维模型进一步分析方案的可行性。通过三维水流模型进一步分析方案的可行性。

整治流量下工程区附近规划航线内水流流速在明显增大,增大幅度在15%~25%。由此可见工程后航槽流速增加显著,丁坝群工程起到"束水攻沙"的效果,可改善牯牛沙水道因三峡水库蓄水水文过程的变化导致的严重淤积状况。从三维流场计算结果的分析可见推荐的治理方案是可行的(图6-9)。但是工程后丁坝群左侧区域流速明显增大,整治流量下水流流速增大幅度在 19% ~ 27% 左右,水流流动明显偏向左岸。整治流量下左岸近岸流速均有所增大,最大增加值达到 0.15m/s,因此建议对堤岸做相应的守护工程。

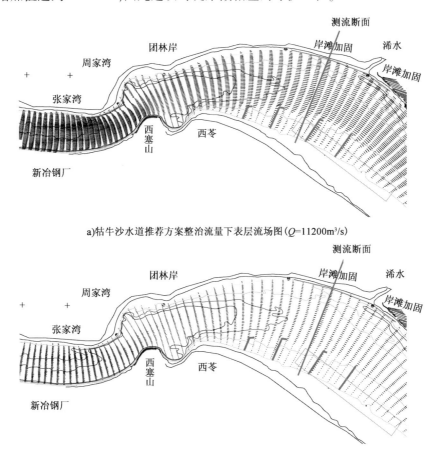

a)牯牛沙水道推荐方案整治流量下表层流场图($Q$=11200m³/s)

b)牯牛沙水道推荐方案整治流量下底层流场图($Q$=11200m³/s)

图　6-9

# 6.4　不同类型整治建筑物在长江中游的应用

本书提出在对河段内边滩、心滩进行联动治理时,应视河势稳定性、碍航程度、联动强弱和规划水深等综合要求,确定采取守护型、调整型或组合的工程措施。

(1)守护型与调整型整治建筑物在长江中游的应用

三峡水库蓄水后,经过十余年的探索,在长江中游航道整治中形成了新的治理理念,即在三峡清水下泄条件下,实施以守护洲滩为目的的守护工程可获得一定的航道尺度,见图6-10。在长江中游瓦口子水道、马家咀水道、周天河段、碾子湾河段、罗湖洲水道、牯牛沙水道等多个河段已广泛实施了守护型工程。但当规划目标提高或河势发生恶化时,需要守护型与调整型工程配合使用,如碾子湾水道、周天河段、窑监河段、戴家洲水道等,以达到规划的整治效果。

（2）绿色生态型整治建筑物的应用

本书提出的绿色生态型整治建筑物结构在长江中游嘉鱼-燕子窝段、马家咀水道等河段的航道整治一期工程的护岸结构设计中进行了应用（图6-11，图6-12），在岸坡守护和生态环保两方面都取得了较好的效果。此外，本书成果中推荐的绿色整治建筑物结构形式在贵州南、北盘江作为丁坝的护面工程进行了成功应用。

a)条状间断守护型护滩实景

b)集中守护型护滩实景

图6-10　长江中游护滩（底）带平面布置示意图

a)南碾子湾河段生态护岸实景图

b)桃花洲生态护坡实景图

c)瓦口子—马家咀河段生态护坡实景图

图6-11　荆江中游航道整治生态护坡

a)工程竣工时护岸现场图

b)工程竣工一个水文年后护岸现场图

c)工程竣工一个水文年后护岸现场图

图6-12　绿色生态型整治建筑物在马家咀水道的应用

# 参 考 文 献

[1] 冷魁,罗海超.长江中下游鹅头型分汊河道的演变特征及形成条件[J].水利学报,1994,(10):82-89.

[2] 余文畴.长江下游分汊河道节点在河床演变中的作用[J].泥沙研究,1987,(4):12-21.

[3] 中国科学院地理研究所.长江中下游河道特性及其演变[M].北京:科学出版社,1985.

[4] 谢鉴衡.河床演变及整治[M].北京:中国水利水电出版社,1990.

[5] 方宗岱.河型分析及其在河道整治上的应用[J].水利学报,1964(1):1-11.

[6] 罗海超.长江中下游分汊河道的演变特点及稳定性[J].水利学报,1989,(6):10-19.

[7] 尤联元.分汊型河床的形成与演变——以长江中下游为例[J].地理研究,1984,(4):12-22.

[8] 余文畴.长江中下游河道水力和输沙特性的初步分析——初论分汊河道形成条件[J].长江科学院院报,1994,11(4):16-22.

[9] Kondolf G M,Swanson M L. Channel adjustments to reservoir construction and gravel extraction along Stony Creek,California[J]. Environmental Geology,1993,21(4):256-269.

[10] Nicola Surian,Massimo Rinaldi. Morphological response to river engineering and management in alluvial channels in Italy[J]. Geomorphology,2003,50(4):307-326.

[11] Shields F D,Simon A,Steffen L J. Reservoir effects on downstream river channel migration [J]. Environmental Conservation,2000,27(1):54-66.

[12] 许炯心.汉江丹江口水库下游河床调整过程中的复杂响应[J].科学通报,1989,(6):450-452.

[13] 尤联元,金德生.水库下游再造床过程的若干问题[J].地理研究,1990,(4):38-48.

[14] 潘庆燊,曾静贤,欧阳履泰.丹江口水库下游河道演变及其对航道的影响[J].水利学报,1982,(8):54-63.

[15] Gilvear D J. Patterns of channel adjustment to impoundment of the upper river Spey,Scotland (1942-2000)[J]. River Research and Application,2004,20(2):151-165.

[16] 曹文洪,陈东.阿斯旺大坝的泥沙效应及启示[J].泥沙研究,1998,(4):79-85.

[17] 姜加虎,黄群.三峡工程对其下游长江水位影响研究[J].水利学报,1997,(8):39-43.

[18] 韩其为,何明民.三峡水库修建后下游长江冲刷及其对防洪的影响[J].水力发电学报,1995,(3):34-46.

[19] 潘庆燊,陈济生,黄悦,等.三峡工程泥沙问题研究进展[M].北京:中国水利水电出版社,2014.

[20] 李义天,孙昭华,邓金运.论三峡水库下游的河床冲淤变化[J].应用基础与工程科学学报,2003,11(3):283-295.

[21] 江凌,李义天,孙昭华,等.三峡工程蓄水后荆江沙质河段河床演变及对航道的影响[J].应用基础与工程科学学报,2010,18(1):1-10.

[22] Phillips J D, Slattery M C, Musselman Z A. Dam-to-delta sediment inputs and storage in the lower Trinity River, Texas[J]. Geomorphology, 2004, 62(1-2):17-34.

[23] Smith L M, Winkley B R. The response of the Lower Mississippi River to river engineering [J]. Engineering Geology, 1996, 45(1):433-455.

[24] 倪晋仁, 马蔼乃. 河流动力地貌学[M]. 北京:北京大学出版社, 1998.

[25] 钱宁, 张仁, 周志德. 河床演变学[M]. 北京:科学出版社, 1987.

[26] 刘国纬. 论江河治理的地学基础——以长江中游为例[J]. 中国科学 E 辑技术科学, 2007, 37(9):1175-1183.

[27] 茆长胜, 游强强, 赵德玉. 坝下沙卵石河床河工模型设计及应用[J]. 水运工程, 2014, (7):104-109.

[28] 张红武, 冯顺新. 河工动床模型存在问题及其解决途径[J]. 水科学进展, 2001, 12(3): 418-423.

[29] 张慧, 黎礼刚, 郑文燕, 等. 武汉河段二七路长江大桥河工模型试验研究[J]. 人民长江, 2008, 39(1):57-58.

[30] 王召兵, 舒荣龙, 蔡汝哲. 长江三峡两坝间河段汛期通航试验研究[J]. 水道港口, 2007, 28(2):113-118.

[31] 舒荣龙, 陈桂馥, 杜宗伟. 提高三峡—葛洲坝两坝间通航能力试验研究[J]. 人民长江, 2005, 36(7):31-33.

[32] 程文辉, 王船海. 用正交曲线网格及"冻结"法计算河道流速场[J]. 水利学报, 1988, (6):18-25.

[33] 夏军强, 王光谦, 吴保生. 游荡型河流演变及其数值模拟[M]. 北京:中国水利水电出版社, 2005.

[34] 吴修广, 沈永明, 郑永红, 等. 非正交曲线坐标下二维水流计算的 SIMPLEC 算法[J]. 水利学报, 2003, (2):25-30.

[35] 沈永明, 吴修广, 郑永红. 曲线坐标下平面二维水流计算的代数应力湍流模型[J]. 2005, 36(4):383-390.

[36] 刘玉玲, 刘哲. 弯道水流数值模拟研究[J]. 应用力学学报, 2007, 24(2):310-313.

[37] Leschziner M A, Rodi W. Calculation of strongly curved open channel flow[J]. Journal of the Hydraulics Division, 1979, 105(10):1297-1314.

[38] Casulli V. Numerical simulation of three-dimensional free surface flow in isopycnal coordinates [J]. International Journal for Numerical Methods in Fluids, 1997, 25(6):645-658.

[39] 陆永军, 窦国仁, 韩龙喜, 等. 三维紊流悬沙数学模型及应用[J]. 中国科学 E 辑技术科学, 2004, 34(3):311-328.

[40] 窦振兴, 杨连武, Ozer J. 渤海三维潮流数值模拟[J]. 海洋学报, 1993, 15(5):1-15.

[41] Zhu Yuliang, Zheng Jinhai, Mao Lihua, et al. Three dimensional nonlinear numerical model with inclined pressure for saltwater in intrusion at the Yangtze River estuary[J]. Journal of Hydrodynamics, Ser. B, 1(2000):57-66.

[42] 马福喜, 王金瑞. 三维紊流数值研究[J]. 水动力学研究与进展, 1995, 10(2):115-124.

[43] 马福喜,牛文臣,孙东坡.三维水流河床变形数学模型[J].水动力学研究与进展,1996,11(3):241-250.

[44] 刘子龙,王船海,李光炽,等.长江口三维水流模拟[J].河海大学学报,1996,24(5):108-110.

[45] 金忠青,王玲玲,魏文礼.三峡工程大江截流流场的数值模拟[J].河海大学学报,1998,26(1):83-87.

[46] 王玲玲,金忠青.利用二、三维嵌套技术数值模拟复杂边界下的流场[J].南京航空航天大学学报,1999,31(2):133-138.

[47] 华祖林.拟合曲线坐标下弯曲河段水流三维数学模型[J].水利学报,2000,(1):1-8.

[48] 李艳红,周华君.弯曲河流三维数值模型[J].2004,19:856-864.

[49] 吴修广,沈永明,潘存鸿.天然弯曲河流的三维数值模拟[J].力学学报,2005,37(6):689-696.

[50] 吴修广,沈永明,黄世昌.非正交曲线坐标下三维弯曲河流湍流数学模型[J].水力发电学报,2005,24(4):36-41.

[51] 许栋.蜿蜒河流演变动力过程的研究[D].天津:天津大学,2008.

[52] 董建伟,朱菊明.绿化混凝土概论[J].吉林水利,2004,(3):40-42.

[53] 吴晓泉.国内混凝土技术的现状与发展[J].吉林建材,2002,(1):37-41.

[54] 郑宏雷,王华,邢学东.环保型绿化混凝土护坡板技术综述[J].黑龙江水利科技,2004,(1):56-57.

[55] 蒋彬,等.生态混凝土护坡在水源保护区生态修复工程中的应用[J].净水技术,2005,24(4):47-49.

[56] 吴中伟.绿色高性能混凝土与科技创新[J].建筑材料学报,1998,1(1):1-7.

[57] 梁双宝.喷混凝土植生技术在边坡防护中的应用[J].铁道标准设计,2003,(10):106-109.

[58] 袁国栋.钢筋混凝土框格喷射植被混凝土护坡绿化技术[J].贵州水力发电,2005,19(5):43-46.

[59] 杨静,冯乃谦.21世纪的混凝土材料环保型混凝土[J].混凝土与水泥制品,1999,(2):3-5.

[60] 王福济.绿色生态技术在城市河道堤防护坡中的应用[J].东北水利水电,2005,(10):54-56.

[61] 周利恩,等.工程边坡生态防护技术[J].云南农业大学学报,2006,(4):517-522.

[62] 周德培,张俊石.植被护坡工程技术[M].北京:人民交通出版社,2003.

[63] 许文年,等.岩石边坡护坡绿化技术应用研究[J].水利水电技术,2002,33(7):35-40.

[64] 刘本同,等.我国岩石边坡植被修复技术现状和展望[J].浙江林业科技,2004,24(3):47-54.

[65] 邓友生,孙宝俊.岩土生态加固的应用技术[J].建筑技术,2004,(2):131-132.

[66] 束一鸣,等.淮河矸石堤坡环保植被实验工程[J].水利水电科技进展,2004,24(4):22-26.

［67］陈梅,邱郁敏.河流护坡工程生态材料的应用[J].广东水利水电,2005,(2):18-20.

［68］姜志强,孙树林.堤防工程生态固坡浅析[J].岩石力学与工程学报,2004,23(12):2133-2136.

［69］孙晓明,等.特种土工材料在砂堤护坡中的应用[J].中国农村水利水电,2002,(5):50-52.

［70］张晓战.山丘公路边坡生态复绿技术应用[J].巢湖学院学报,2006,8(3):99-101.

［71］冯俊德.路基边坡植被护坡技术综述[J].路基工程,2001,(5):20-23.

［72］黄毓民,邹东平.道路边坡生态防护初探[J].有色冶金设计与研究,2004,(4):45-47.

［73］包承纲.堤防工程土工合成材料应用技术[M].北京:中国水利水电出版社,1999.

［74］王文野,王德成.城市河道生态护坡技术的探讨[J].吉林水利,2002,24(11):24-26.

［75］王钊.国外土工合成材料的应用研究[M].香港:现代知识出版社,2002.

［76］[日]财团法人编(先端建设技术セイタ-)ボラスコンクリ-ト河川护岸工法の手引き.东京:山海堂,2001.

［77］鄢俊.植草护坡技术的研究和应用[J].水运工程,2002,(5):29-31.

［78］周跃,Walls D.欧美坡面生态工程原理及应用的发展现状[J].土壤侵蚀与水土保持学报,1999,5(1):79-85.

［79］夏继红,严忠民.浅论城市河道的生态护坡[J].中国水土保持,2003,3:9-10.

［80］钟春欣,张玮.传统型护岸与生态型护岸[C].2004年全国博士生学术论坛(河海大学)论文集,河海大学出版社,2004.

［81］胡海泓.生态型护岸及其应用前景[J].广西水利水电,1999,4:57-59.

［82］Woo M K,Fang G X. The role of vegetation in the retardation of rill erosion[J]. Catena,1997,29:145-159.

［83］Abernethy B,Rutherfurd I D. Where along a rivers length will vegetation most effectively stabilized stream banks[J]. Geomorphology,1998,23:55-75.

［84］Nilaweera N S. Effects of tree roots on slope stability:The case of Khao Luang Mountain area,Thailand PhD Thesis[D]. Bangkok,Thailand:Asian Institute of Technology,1994.

［85］Barker D H. Continuing and future developments in vegetative slope engineering or eco-engineering[A]. In:Proceedings of the International Conference on Vegetation and Slopes[C]. Oxford:[s. n. ],1994,29-30.

［86］Gray D H,Sotir R B. Biotechnical and Soil Bioengineering,Slope Stabilization,A Practical Guide for Erosion Control[M]. New York:John Wiley&Son,1996.

［87］崔光成,李锁平.采用三维土工网垫防护路基边坡[J].铁道建筑,2002,5:23-25.

［88］李锁平.三维土工网垫路基边坡防护[J].公路,2002,3:8-10.

［89］龚晓明.三维土工网垫护坡应用技术[J].隧道建设,2003,2:55-56.

［90］肖衡林,张晋锋.三维土工网垫固土植草试验研究[J].公路,2005,4:163-166.

［91］阮道红.三维植被网垫在边坡防护工程中的应用[J].交通科技,2000,2:14-15.

［92］张垂虎.三维土工网植草加固航道边坡技术在北江下游航道整治工程中的应用[J].水运工程,2006,1:72-74.

[93] 杨光煦.土工网格在堤防工程中的应用[J].湖北水力发电,2001,2:35-39.

[94] 彭俏健.土工三维植被网的护坡原理及应用[J].西部探矿工程,2006,6.

[95] Ministry of Works and Transport Use of Bio-engineering in the road sector(geo-environmental unit)[R].Nepal:Ministry of works and Transport,1999.

[96] TANNO K.Method of vegetation planting construction of mortar-spraying treating slope-face : US ,J P0925633 [P].1997-12.

[97] 胡利文,陈汉宁.锚固三维网生态防护理论及其在边坡工程中的应用[J].水运工程, 2003 ,4:13- 15.

[98] 陈明德,等.岩石边坡喷混植生护坡防护技术应用研究[J].路基工程,2003,4:67- 70.

[99] 谢晓华.三维土工网植草在加固河岸边坡工程中的应用[J].水运工程,2004,1:71-72.

[100] 王元.岩石边坡TBS植被护坡设计与施工[J].公路交通技术,2004,5:127-129.

[101] 郭国良,项弼.TBS植被技术在岩石边坡防护中的应用[J].城市道路与防洪,2006,1: 145-146.

[102] Remold P,Ricciuti A.Design method for three-dimensional geog-cells on slopes[A].Fifth International Conferenceon Geotextiles,Geomem-braves and Related Products[C].Singa-pore:[s. n.].1994,999-1002 .

[103] Zhang Jiru,Xia Lin,Lu Zhean.Material properties and tensile behaviors of polypropylene geogrid and geonet for reinforcement of soil structures[J].Journal of Wuhan University of Technology—Mater. Sci. Edition,2002,21(3):83-86.

[104] 魏永幸.植被护坡技术发展趋势初探[J].路基工程,2004,1:41-43.

[105] 张俊云,周德培,等.厚层基材喷射护坡试验研究[J].水土保持通报,2001,21(4): 23-25.

[106] 李旭光,毛文碧,等.日本的公路边坡绿化与防护——1994年赴日本考察报告[J].公路 交通科技,1995,12(2):59-64.

[107] 杜娟.客土喷播施工法在日本的应用与发展[J].公路.2000,7:72-73.

[108] 刘树坤.刘树坤访日报告——河流整治与生态修复[J].海河水利,2002,5:64-66.

[109] 白种万,等.网格式护坡新技术[J].吉林水利,2000,10:25-26.

[110] 毛肖钰,郭润元.三种水下护底方法给堤防整治工程的启示[J].今日科技,2006,5: 31-32.

[111] 杨红波.合金钢丝网石笼在长江堤防护岸工程中的应用[J].浙江水利科技,2003,1: 47-48.

[112] 陈桂军,何斌.格宾网箱挡土墙在广西高速公路的应用[J].道路工程,2006,5:61-63.

[113] 张焕洲,等.格宾网材在黄石长江干堤合兴堤段的应用[J].人民长江,2002,33(9): 38-40.

[114] 徐恒,谷彤江.格宾柔性防护材料结构综述[J].黑龙江水利科技,2006,34(4): 191-192.

[115] 路彩霞,等.钢丝网石笼在护岸工程中的应用[J].水利水电快报,2004,25(23):26-27.

[116] 顾明.蜂巢格网防护技术的应用[J].江苏水利,2004,5:15-17.

[117] 黄平,周玉英.重镀锌铁丝网石笼技术在漓江护岸的应用[J].广西水利水电,2002,2:
44-46.

[118] Gray,D. H. and W. F. Meghan(1980). Forest vegetation removal and slope stability in the I-daho Batholiths. USDA Research Paper INT-271,Ogden,UT,23pp.

[119] Greenway,D. R. (1987). Vegetation and Slope Stability,in:Slope stability,edited by M. G. Anderson and K. S. Richards. New York:Wiley.

# 索　引

## H

## L

## P

## S

## W